MW01635684

鉴定与选购

从新手到行家

穆朋朋·编著
牛世勇·主审

·北京·

本书要点速查导读

新手

1. 了解珍珠的传奇历史

2. 熟悉珍珠的分类

3. 掌握珍珠的主要品种

4. 熟悉珍珠的分级标准

5. 掌握珍珠的价值评估标准

行家

10. 珍珠相关问题解答

9. 珍珠的市场行情分析

8. 熟悉珍珠饰品的评价标准

7. 掌握染色珍珠和辐照珍珠的鉴别方法

6. 了解天然珍珠与养殖珍珠的辨别方法

推荐序

在日本，有两种著名的宝石：一种是珍珠，一种是珊瑚。我经常去日本，但每次都是冲着珊瑚去的，而对珍珠的了解少之又少。每每路过卖珍珠的店，都看见有很多人驻足观赏和询问，甚至比看珊瑚的人还多。当时我在想，是什么样的魔力会让他们对珍珠如此感兴趣呢？

大家都知道，绍兴诸暨拥有全国最大的淡水珍珠养殖基地，国内95%的淡水珍珠都产于此。尽管我生在绍兴，长在绍兴，但对珍珠的了解仅此而已。直至一个偶然的机会，我认识了穆朋朋女士，别看她很年轻，但对珍珠很有研究，说起珍珠的历史、种类、淡水珠与海水珠的区别、养殖珠和天然珠的差别，以及如何选购、保养珍珠，等等，如数家珍，就连我这个生长在淡水珍珠产地的人都自愧弗如。也是从那时开始，我才真正对珍珠慢慢有了了解。

2014年，我的新书《红珊瑚鉴真与收藏入门》出版，在王府井新华书店举办了一场红珊瑚鉴赏讲座暨新书发布会，当时，我邀请了穆女士参加。新书发布会非常成功，场面很火爆。她非常震撼，回去以后多次跟我打听如何写书、出书的细节。

经过一年的策划、收集资料、整理、编写，前两天穆女士给我送来书稿让我为本书写序。我一口气读完书稿，发现这本书的内容很有特点，可见穆女士在创作本书中的用心之处。

1.本书在撰写过程中，穆女士倾其全部心力对珍珠市场重新进行了全面、系统的考察，同时借鉴各门派珍珠专家意见，以更简单、灵活、便捷的方式将珍珠各类知识尽善尽美地呈现。谁都可以看得懂，谁都可以学得会，水再深，都有蹚得过去的办法。

2.书中讲述珍珠的基本知识，珍珠市场状况、价值评估、种类、鉴别以及珍珠买卖、投资实战经验，重点是让消费者、热爱珍珠投资收藏者以及关注珍珠的读者对珍珠有一个从入门到鉴别购买，以及投资这样一个完善、科学的认知过程。

3.这是一本有趣的书，你会在不经意翻开爱上珍珠，寥寥几句话会让你即刻识破店商伎俩。行家就是这样买珍珠，一语道破天机，那些珍珠行业不能说的秘密，全在此。

4.这本书适合不同的人士阅读：爱美的时尚潮流人士可以从书中看到很多新颖别致的珍珠款式，这些款式均来自各大高级定制店商提供；热衷于珍珠投资的珠宝商人可以从书中了解到如何辨别真假珍珠，珍珠的5A等级，甚至可以了解到进货时如何讲价钱；对珍珠一无所知的初入门的新手也不必担心，从翻开这本书的那一刻起就是幸运，因为你在收藏、鉴定和选购过程中将遇到的种种困惑，书中都给予了详细解答。

所以，对于那些涉入珍珠行业不久的爱好者和收藏者，我竭力推荐穆女士这本书，书中的内容都是我们在浩如烟海的图书中极少见到的，不愿被别人知道的珍珠秘密，掌握了这些，离专家、行家也就不远了。

单　峰

2015年9月20日

前言

2015年9月香港国际珠宝展于香港会议展览中心落幕，很多国内珍珠采购商都明显感觉到，2015年海水珍珠的原材料价格普遍上涨30%左右，并且高品质珍珠的价格还在持续上涨。

为什么珍珠的价格近年会持续上涨呢?

高品质珍珠的产量逐年下降，一方面因为几年前世界金融危机，珍珠的出口量锐减，导致价格暴跌，很多珍珠养殖户亏损严重，进而退出了珍珠养殖业，造成珍珠产量降低。另一方面是因为大面积海水珍珠的养殖海域温度升高，污染严重，养殖难度和人工成本增加。在供需关系紧张，以及珍珠养殖成本升高的前提下，珍珠价格上涨也在情理之中。

珍珠一直以来位列名贵珠宝之中，被誉为“珠宝皇后”。其美丽天成，浑圆温润、晶莹澄净的光泽，兼具高雅柔媚、祥和恬静的气息，那种独特的风采将女性优美典雅的气质烘托得淋漓尽致。珍珠可以说是女人时尚配饰中一件永恒的宝贝。戴安娜王妃曾经说过：“女人如果只能拥有一件珠宝，必是珍珠。”因此，珍珠文化内涵的不断挖掘和推广也是推动珍珠价格增长的重要因素。

新常态下，随着珍珠文化内涵的不断挖掘，珍珠已经逐渐被年轻群体接受。一直以来，珍珠经常被认为是“妈妈”级女性的专属珠宝，并不适合年轻女性佩戴，现在这种观念却在逐渐改变。随着广大同人对珍珠文化内涵不懈的推广，其本身的价值不断被挖掘，使珍珠首饰的市场竞争优势逐渐突出。另外，时尚导向，珍珠加工设计的不断提升创新，“一带一路”框架下的外贸拓展，笔者认为，在未来一段时期内，珍珠行业将迎来新常态下新的发展。

经常听说很多喜欢珍珠的朋友面对琳琅满目的珍珠无从下手，或者由于缺乏基础认识不懂得分辨真伪，常常买到假珠。因此，消费者需要一本权威、专业的能够系统介绍珍珠知识的图书加以辅助，本书应运而生。

本书编写始终秉承向读者介绍实用的珍珠知识的原则。第一章包括珍珠的历史文化，品种与产地，开采、加工、镶嵌等工艺以及珍珠饰品的分类。第二章介绍了珍珠的等级与价值评估以及真伪鉴别的方法。笔者会在本章中以图片对比的方式为读者们更直观地讲述真假珍珠的特点，教会读者分辨真假珍珠和染色珍珠、贝珠的常用方法。消费者了解这些知识，很大程度上可以避免被卖家欺骗。第三章笔者将向读者介绍如何在广博的珍珠市场中选择适合自己的、品质好价格合理的珍珠产品。第四章中，笔者将针对珍珠爱好者提出的一些有代表性的问题作简要回答。掌握了以上内容，读者就可以为自己选一件心仪的珍珠饰品了。

本书参考学习了许多珍珠行家的理论，结合笔者多年从事珍珠行业积累的经验，内容上力求全面、权威地阐述一些观点，如有不同的理解，欢迎朋友指正。

穆朋朋
2015年9月

CONTENTS 

目录

等级评估
与鉴定

CONTENTS 目　录

淘宝实战

专家答疑

zhenzhujiandingyuxuangou

Chapter 1 基础入门

珍珠的由来

自古以来，珍珠就被人们尊奉为财富的代名词，并将珍珠与砗磲、玛瑙、水晶、珊瑚、琥珀、麝香同称为佛教七宝。

珍珠象征着吉祥、健康、幸福，人们还将其他的美好寓意寄托在它的身上。“珠光宝气”代表着华丽尊贵；“掌上明珠”代表着心爱之人或心爱之物；“珠圆玉润”则代表着女人的美丽。从人类发现珍珠开始，珍珠就以其美丽和纯净的品质成为人们众多美好品德的代名词。珍珠在中国的象征意义毋庸讳言，在有着上千年历史文化传承的其他国度里，也有着美好的意义：古罗马人认为，珍珠是女神维纳斯的化身，象征着爱与美的极致；希腊人认为，珍珠是因闪电击中大海而产生的；印度人则认为，珍珠是夜晚落入大海的露珠，神灵曾从大海中采集珍珠装扮将要出嫁的女儿。

·珠宝皇后——珍珠·

珠宝界中的“五皇一后”包括钻石、红宝石、蓝宝石、祖母绿、翡翠和珍珠，珍珠正是其中的“珠宝皇后”。珍珠以其典雅、纯洁、高贵的品质满足着人们的爱美之心。从秦朝开始，珍珠就已经成为达官贵人炫耀地位和财富的奢侈品；古埃及女王也以珍珠妆

⊙ 金珠吊坠

扮当作莫大的荣耀；伊丽莎白女王更是热爱珍珠，她不仅多次在公共场合佩戴珍珠配饰，还雇用了几十人专门保养自己的3000多件装饰着珍珠的长袍。

珍珠是一种古老的有机宝石，它是唯一一种产生于生命体之中的宝石，因此，也被誉为有生命的宝石。珍珠由珠贝孕育而成，是大自然造化的杰作，但并不是每个珠贝都能产出珍珠，因为只有沙子或其他物质进入珠贝内才能形成珍珠。异物进入珠贝后，珠贝为了免受异物的刺激，逐渐分泌出一层层珍珠质，它是珍珠具有纯净光泽的重要原因。据了解，珠贝一般能存活30年左右，但一颗豌豆大小的珍珠要经过10年之久才能孕育而成。由此可见，珍珠是多么的珍贵。

⊙ 等待取出的珍珠

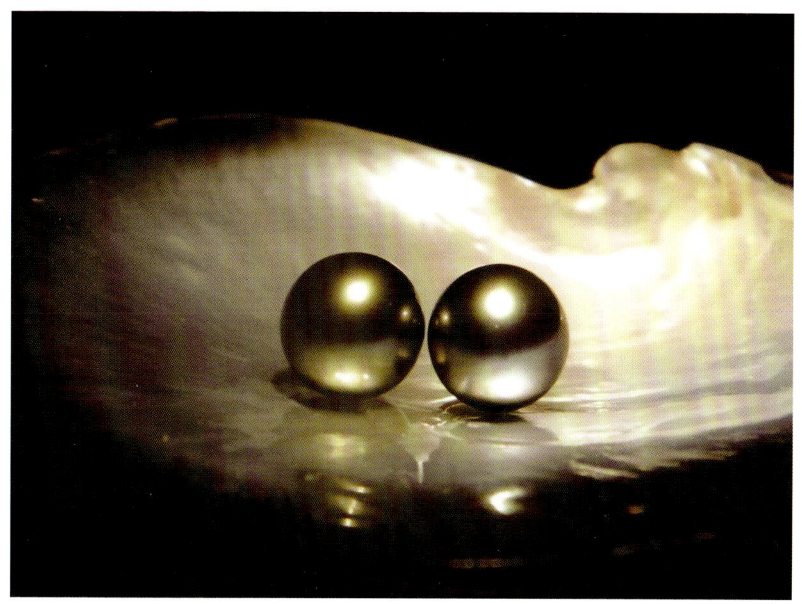

⊙ 黑珍珠

据记载，我国是世界上最早发现和使用珍珠的国家，但由于众多方面的原因，作为珠宝玉石之一的珍珠在一段时间内颇为沉寂。随着中国经济的高速发展，人民生活水平的提高，珍珠又重新回归大众视线，而且越来越受到人们的喜爱。与此同时，越来越多的收藏者、投资者以及商家也开始关注珍珠市场。纵观珍珠投资市场，珍珠的价值也在稳步提升。

与国际硬通货黄金一样，珍珠也是走俏全球的珠宝。尤其是大直径的珍珠更加受人欢迎，因为珍珠直径越大越珍贵，其价值也就越高。珍珠自古以来就有“七分珠，八分宝”之说，说明直径达到8毫米以上的珍珠最值得收藏。

如今的珍珠市场中，天然珍珠极其稀少。由于天然珍珠的罕见性，一些有历史年代的珍珠的价格急剧攀升。据了解，3克以上的古珍珠每颗早已突破万元大关，其中3克以上的夜光珠的价格更是高达数十万元。据拍卖记录显示，2007年，一条珍珠项链在佳士得纽约拍

⊙ 南洋珍珠配欧珀吊坠兼胸针

该吊坠所镶嵌珍珠的直径达17.8毫米，色泽如皎月一般柔润美丽，优雅地展示了“宝石皇后”的风韵。周围以欧珀作为陪衬，其曼妙的光彩，为珍珠增加了神秘感，也使整件作品色调更加和谐。

卖会上拍出了近710万美元的天价，这条项链由68颗罕见的天然珍珠穿制而成，堪称世界上最贵的珍珠项链。

与其他古玩收藏品相比，珍珠的收藏尤其独特，比如珍珠的产地、圆度、光泽、大小以及颜色等，都决定着珍珠价值的高低。尤其在收藏护理方面更要注意，因珍珠由珠贝孕育产生，如长时间暴露在空气中，珍珠表面会逐渐氧化，颜色会由白变黄。据专家介绍，珍珠的保质期在100年左右。

作为珠宝皇后的珍珠，一直以其圆润饱满的外形、晶莹剔透的光泽以及高贵典雅的气质吸引着众多爱好者。

⊙ 斯里兰卡蓝宝石配钻石珍珠项链

此项链由30颗直径13毫米的白色海水珍珠穿制而成，斯里兰卡蓝宝石镶钻石吊坠与珠链的搭配相得益彰，含蓄而优雅。2011年拍卖成交价为840万元人民币。

⊙ 孔雀造型巴洛克珍珠项链

巴洛克珍珠指变形或形态不够完美的珍珠，但造型别具风情。此项链将一颗巴洛克珍珠与彩色宝石相结合，设计成孔雀造型，颜色娇艳，形象生动。

·珍珠的历史与文化·

据了解，中国是世界上最早使用珍珠的国家。《尚书·禹贡》载："珠贡，惟土五色，羽畎夏翟，峄阳孤桐，泗滨浮磬，淮夷嫔珠，暨鱼。"其中的"嫔"说的就是蚌。这段文字讲的是中国先民早在公元前两千二百年就开始采取珍珠，并把珍珠当成贡品。《墨子》载："和氏之璧，夜光之珠，三棘六异，此诸侯之良宝也。""夜光之珠"指的就是珍珠，并说明了其珍贵的价值所在。另外，《诗经》《山海经》《尔雅》《管子》等书都有对珍珠的相关记载。

从秦、汉两朝开始，珍珠在上层社会中逐渐普及，帝王贵胄尤其以珍珠装饰为荣。特别是在汉朝，皇家更将珍珠视为珍宝。

据《列仙传》记载，汉高祖夫人吕雉曾用五百金购买了一颗"三寸大珠"，并视为瑰宝；鲁元公主听说后，用七百金购买一颗"四寸大珠"与吕后比拼。

西汉晁错曾在给汉文帝的奏疏上写道："夫珠玉金银，饥不可食，寒不可衣，然而众贵之者，以上用之故也。"从这段文字里可以看出，晁错把珍珠放在玉器、金银之前，也表现出达官贵人对珍珠的狂热追逐。

《汉书》记载汉武帝"使人入海市明月大珠至围二寸以上"，"从河渚得大珠径数寸，明耀绝世"。以此说明汉武帝刘彻对珍珠的喜爱。

⊙ 真珠舍利宝幢

《后汉书》中也有关于珍珠的记载。东汉孝明帝车辇上的垂帘用珍珠串成，皇帝的衣服，太后、皇后、公主以及嫔妃拜谒太庙的礼服也都镶有珍珠。此外，王公大臣的衣服也多以缀饰珍珠表示其尊贵的地位，当然，不同级别的官员所使用的珍珠的数量和大小都有严格的规定。

1978年4月12日，三名苏州小学生在北宋古塔瑞光塔游玩时，无意中触动了松动的塔心砖，人们从这里发现一件艺术珍宝——珍珠舍利宝幢。据了解，该宝幢为北宋大中祥符六年（1013）制作的佛教艺术品，高约122厘米，其上镶嵌32000颗珍珠，每颗珍珠都由金银丝串起，堪称中国古人用珍珠制成的艺术奇迹。

⊙ 清道光 · 铜胎嵌珊瑚镶珍珠福寿纹鼻烟壶

随着历史的发展，珍珠在明清时期发展至巅峰。尤其是晚清慈禧太后垂帘听政的几十年间，她搜罗了无数奇珍异宝，珍珠的数量更是数不胜数。慈禧去世后，陪葬有大量的珍珠。据《爱月轩笔记》记载，在慈禧的棺材之中，有一条棉褥，其上镶有12604颗珍珠，85颗红宝石，2颗祖母绿，230颗碧玺和白玉；还有一条绣着荷花的丝褥，其上有2400颗五分圆珠；寿衣上更是装饰有420颗大珠、1000颗中珠、1500颗小珠、1135颗宝石；所盖被子也镶有820颗珍珠。此

⊙ 清 · 珍珠朝珠

外，慈禧胸前还挂着两挂朝珠以及各种配饰，使用珍珠800颗；头上戴有珠冠，所镶嵌珍珠重125克，为稀世珍宝。

随着达官贵人对珍珠的喜爱，也因此衍生出了采珠业这一行当。战国时期，淡水珍珠开始成为贡品，楚国的妇女也把珍珠当成装饰品使用。据《淮南子》和《雷州府志》记载，秦汉以来，雷州成为历代帝王采取珍珠的地方，雷州珍珠属于“南珠”，是海水珍珠的一种。

北宋建隆三年（962），宋太祖赵匡胤开始下诏采珠，南珠正式成为珍品。北宋开宝五年（972），南汉王刘怅为讨好宋太祖，特用“南珠”代替合浦珍珠制成“珠龙玉鞍”进献宋太祖，宋太祖因此对刘怅委以重任。

明代，历任皇帝都曾发布采珠令，这是中国采珠行业历史的巅峰时期。据了解，明弘治十二年（1499），采珠量高达28000两，由于疯狂的开采，到嘉靖五年（1526）时，已很难采到质量上乘的珍珠。当时的巡抚都御使林富曾上《乞罢采珠疏》：“嘉靖五年采珠之役，死者万计，而得珠仅80两，天下谓以人易珠，恐今日虽以人易珠，亦不可得。”

明嘉靖年间，政府在南珠主要产地合浦县建立珍珠城。据了解，北京故宫博物院里存有的珍珠大多为合浦珍珠。

清朝时期，皇家多使用北珠，北珠为淡水珍珠，主要产于东北。

⊙ 清 · 东珠朝珠

此朝珠按清朝定式制成，由108颗上等东珠组成，以明黄丝绦穿系，形体饱满，色泽温润，尺寸基本相同。此串朝珠配饰完整，品相极佳，精美而不失典雅，气质非凡。

⊙ 清晚期 · 金累丝嵌东珠御用朝冠顶

此冠顶共分三层，每层间各贯一颗东珠。底座盘正龙四条，其间以四颗东珠作为装饰。第二层有行龙四条，以四颗东珠加以点缀。第三层为镂空花叶，龙纹与花叶均以累丝工艺编累而成，工艺繁复精巧到达极致，所用东珠硕大莹润，宝光璀璨，乃极品东珠。

⊙ 淡水珍珠项链

清康熙年间，徐兰曾在东北看到北珠的开采盛况，并在《采珠序》中写道："岭南北海所产珍珠，皆不及北珠之色如淡金者名贵。"

为满足清皇室的需求，清政府设立了专门的机构"珠轩"对采珠业进行严格管理。据《吉林旧闻录》记载："前清时，乌拉总管旗署，设有珠子柜，采取者有专役，名曰珠轩，十人或多人为一排，腰系绳索，每当仲秋人河掏摸，以备贡品。"据了解，每年农历四月到九月，是采珠的最佳时期，从乾隆年间到清末时期，朝廷每年都要增加采珠的人数，所以收采的珍珠数量大大增加，但全部上缴朝廷，以供宫廷使用。

·珍珠传奇·

自珍珠有记载以来就与皇室有着紧密的关系。在世界历史上，有五大具有传奇色彩的珍珠，它们是古埃及女皇克娄巴特拉的珍珠、亚洲之珠、老子珠、女摄政王和"梅迪西斯"珍珠项链。

古埃及女皇克娄巴特拉的珍珠

埃及艳后名克丽奥佩特拉，又称克娄巴特拉，她的标志就是有

⊙ 淡水珍珠项链

两只大的耳环，两只耳环各镶有一颗硕大的珍珠。据说，这两颗珍珠的价值无可估量，甚至能养活全部埃及人100年。传说艳后的情人安东尼喜欢吃喝玩乐，常在宫殿里大肆举办宴会，奢侈无比。克丽奥佩特拉非常担心安东尼损害自己的声誉，于是决定以实际行动制止安东尼。

在一次宴会上，克丽奥佩特拉邀请了安东尼和很多达官贵人，众人落座之后，发现宴会竟然没有酒壶。这时，克丽奥佩特拉让仆人端来一杯盛满美酒的金杯，在众人疑惑的眼神中，克丽奥佩特拉神情严肃地把自己耳环上的一颗珍珠放入酒杯，等珍珠全部溶解后，她将金杯之中的美酒一饮而尽。至此，安东尼明白了女皇的苦心，从此开始收敛了自己的性情。

剩下的另一颗珍珠后来被凯撒大帝占有，如今这颗珍珠已下落不明。

亚洲之珠

1628年，人们在波斯湾采到了亚洲之珠。亚洲之珠长径约100毫米，短径在60～70毫米，重达121克，在世界已发现的珍珠中居第二位。

当时，波斯国王蒙乌尔将其买下，并命名为“亚洲之珠”，然后把它送给十分喜欢珍珠的皇后。传承多年后，另一位波斯国王把亚洲之珠送给了乾隆皇帝。到晚清之时，亚洲之珠传到慈禧手中，慈禧让宫廷工匠配了一大块碧玺，亚洲之珠变成了如今我们所见的样子。

1900年，八国联军抢走了亚洲之珠。1918年，亚洲之珠在香港出现，随后一名中国官员花5万元港币买入。在此期间，一对比利时夫妇将亚洲之珠盗走，法国警方知道后开始调查，比利时人为销毁证据，将亚洲之珠扔入马桶，但由于亚洲之珠较大，塞入水管后未被水冲走。此后，亚洲之珠还被当作债务抵押品抵押给天主教外方传教理事会，后因债务人无力还债，亚洲之珠遂成为教会的收藏品。

⊙ 18K金配钻石海水珍珠吊坠

第二次世界大战后，亚洲之珠曾在巴黎出现过，但买卖双方都不为人知。此后，亚洲之珠长时间地失去了踪迹。据1993年2月10日《日本经济新闻》报道，希望之珠和亚洲之珠两颗长时间失去踪迹的珍珠在日本的一家珠宝店出现，据说亚洲之珠是从伦敦收藏者的手中借来，以此庆祝日本人工养殖珍珠成功100周年。

老子珠

老子珠，又名“真主之珠”，其长241毫米，宽139毫米，重达6350克，是世界第一大珍珠。1934年5月7日，在菲律宾巴拉旺海湾中，一群孩子下海采捕海生动物。后发现有一小孩失踪，经寻找后，发现这个孩子的脚被一只砗磲夹住而溺死。人们把这只砗磲打捞上来后，在其中发现了一颗巨大的珍珠，它就是老子珠。

1969年，美国医生哥普因治好了老子珠主人——当地酋长儿子的病，酋长将其送给了医生作为答谢之物。据了解，老子珠当时的价值高达400多万美元，如今，老子珠存于美国旧金山银行的保险库之中。

女摄政王

女摄政王是世界第五大珍珠，其形状为卵形，重16.85克。它曾被镶嵌在法国的王冠上，也是拿破仑一世送给第二任妻子玛丽·路易斯的礼物。

1887年，这颗属于法国王室的珍珠被出售。后来，这颗珍珠在一次伦敦拍卖会上被拍卖。

“梅迪西斯”珍珠项链

“梅迪西斯”珍珠项链原属克莱芒教皇所有，由6排正圆大珠和25颗大珠组成。1533年，教皇的侄女凯瑟琳·德·梅迪西斯与法国国王亨利二世大婚，莱芒教皇将此珠链送给侄女凯瑟琳。

当凯瑟琳的儿子弗朗奈瓦当上国王后，迎娶苏格兰公主玛丽·斯图尔特，凯瑟琳非常满意这个儿媳，便将“梅迪西斯”珍珠项链送给了儿媳。但是，两年后，弗朗奈瓦因病去世。后来，玛丽公主回归苏格兰。1558年，苏格兰女王去世，应该由玛丽即位，但是被其堂姐妹伊丽莎白篡夺了王位，玛丽公主被处决，“梅迪西斯”珍珠项链被伊丽莎白占有。凯瑟琳一直想要讨回“梅迪西斯”珍珠项链，但毫无办法。16年后，玛丽的儿子詹姆斯一世继承苏格兰王位，“梅迪西斯”珍珠项链归其所有。詹姆斯一世又将“梅迪西斯”珍珠项链送给其女儿伊丽莎白，伊丽莎白又将珠链送给了女儿索菲亚公主。后来，索菲亚公主嫁到英格兰，珠链传给了威廉四世。从此，“梅迪西斯”珍珠项链成为英格兰王室的收藏品。

威廉四世死后，维多利亚女王即位，她在位长达60余年，却从来没戴过这条珠链，因为她的表亲认为这条珠链真正的主人应是其本人，所以多次与女王交涉索回珠链，但一直毫无结果，不过据说这位表亲最终得到了一条珍珠项链，但是否为“梅迪西斯”珍珠项链，无人知晓。

珍珠的品种与产地

· 珍珠的分类 ·

从珍珠的产地来讲，珍珠可分为淡水珍珠和海水珍珠两种。

淡水珍珠产自河流、湖泊中，形状大多不一。据了解，我国淡水珍珠的产量占世界总量的95%，其中浙江诸暨有“中国珍珠之乡”的美誉，这里是我国淡水珍珠的最大产地，所产的珍珠占全国总量的一半以上。海水珍珠则产自海洋、海湾中，日本珍珠、合浦珍珠等都属于海水珍珠。

从培育方法来看，珍珠可分为天然珍珠和养殖珍珠。据了解，除了最初的植核阶段不同外，天然珍珠和养殖珍珠的形成过程和生长环境是完全相同的，养殖珍珠只是通过人为手段加快了珍珠的形成过程，对珍珠的品质影响不大。

从形状来看，珍珠可分为圆珠、椭圆珠、扁形珠、马贝珠和异形珠几种。

圆珠

圆珠指形状为圆形的珍珠，按照珍珠的圆度又可分为正圆珠、圆珠和近圆珠。正圆珠是圆度最好的珍珠，俗称走盘珠，其直径比

（最大直径和最小直径之比）小于1%；圆珠是指直径比在1%～5%的珍珠；近圆珠是指直径比在5%～10%的珍珠。

⊙ 18K金南洋金珠耳钉及吊坠

此套装中的南洋金色珍珠吊坠和耳钉，珠体饱满，圆度好，珠皮厚重，珠光耀眼。

⊙ 18K白金镶嵌大溪地珍珠及彩色宝石戒指和耳坠

椭圆珠

椭圆珠指形状为椭圆的珍珠，其长短直径比大于10%。根据长短直径差的百分比大小，又可分为短椭圆珠和长椭圆珠。

⊙ 18K金镶钻石珍珠吊坠兼胸针

扁形珠

扁形珠指形状为扁平形、有一面或两面近似平面的珍珠，主要形状有扁圆形、扁椭圆形、饼形、菱形、方形等。

⊙ 扁形珍珠项链

马贝珠

马贝珠指的是一种半边珍珠，又称Mabe珠，是将半边形的珠核植入蚌壳内，让珠核的一侧紧紧地贴住蚌壳，使其逐渐成长成近似半圆形的珍珠。据了解，澳大利亚的马贝珠产量和质量最好，特点是尺寸大、光泽好。

⊙ 养殖马贝珍珠胸针及耳环

异形珠

除圆珠、椭圆珠、扁形珠、马贝珠以外的其他形状的珍珠称为异形珠，主要有梨形、水滴形、米形、土豆形、豆形等。

⊙ 异形珍珠项链（左）、米形珍珠项链（中）、纽扣珍珠项链（右）

⊙ 异形珍珠项链

异形珍珠形状多样，将多种异形珍珠串联在一起加以其他配饰能打造出风格独特的饰品。

珍珠的主要品种

由于产地、颜色以及生长自然条件的不同，珍珠的品种多种多样，下面介绍一下珍珠的几个主要品种。

南洋金珠

南洋金珠属于海水珍珠，产于菲律宾、印度尼西亚、澳大利亚、缅甸等地，颜色为介于黄白之间的香槟色，少量为金黄色，故称南洋金珠。其直径在9～16毫米之间，非常珍贵。

南洋金珠的母贝为金蝶贝，其生长环境优越，空气好，水质佳，并位于海湾开敞之处，其产量稀少，是珍珠中的贵族。

据了解，颜色越深的南洋金珠价值越高，在国际市场上备受追捧，且其价值逐年上涨，号称珍珠之中的王者。其中，澳大利亚和印度尼西亚两国的南洋金珠产量最大，占南洋金珠总体产量的90%左右。

南洋金珠如果加上华贵的设计，精致的镶嵌技术，佩戴后更显贵族风范。

⊙ 南洋金珠吊坠

⊙ 南洋金珠戒指

此戒指镶嵌一颗直径13.3毫米的圆形南洋金珠。珠粒饱满圆润，珠光含蓄内敛，尽显雍容华贵。

南洋白珠

南洋白珠也是珍珠中的珍品，其形状饱满圆润，颜色为亮丽的银白色，是最受人们欢迎的珍珠之一。南洋白珠主要产于澳大利亚、印度尼西亚、菲律宾、缅甸的少部分地区。其直径在9～18毫米之间。

南洋白珠的母贝为白蝶贝，其生长环境与南阳金珠类似，需要极佳的自然环境。南阳白珠以其淡雅的颜色，温润的光泽吸引着世人的目光。

南洋白珠制成的珍珠饰品，适合各种肤色的人佩戴，它能提升女性的气质，将女性素雅高洁的气质表露无遗。

⊙ 南洋白珠吊坠

大溪地黑珍珠

大溪地黑珍珠产于南太平洋的法属波利尼西亚群岛（其中最著名的岛屿为大溪地），其颜色为黑色基调，并带有其他亮丽的霓虹色，如孔雀绿、深紫、海蓝等虹色。其直径在8～15毫米之间。

黑珍珠的母贝为黑蝶贝，这是一种会分泌黑色珍珠质的母贝，因波利尼西亚群岛所在纬度高，海水温度高，黑蝶贝的生长速度较快，一般养殖时间为5～8年，珠层厚度为2～3毫米。

因为养殖环境的要求和采珠过程的严谨，黑蝶贝所产黑珍珠的数量较少，所以每颗大溪地珍珠都珍贵无比。

⊙ 大溪地黑珍珠项链

此项链由39颗大溪地黑珍珠穿制而成，每颗珠粒饱满丰润，珠面幻彩缤纷，绝佳地演绎出珍珠的华美之感。

⊙ 大溪地黑珍珠菊花胸针

⊙ 大溪地黑珍珠戒指

⊙ 大溪地黑珍珠戒指

Akoya海水珍珠

Akoya海水珍珠产于日本南部港湾，颜色多为粉红色和银白色，直径一般在7～9毫米之间，其母贝为Akoya贝。

说到Akoya贝，就必须提到御木本。御木本是珍珠养殖技术的发明者，1893年，御木本在他的养殖场中找到了第一个半球形珍珠，从此拉开了人工养殖珍珠的序幕。御木本的珍珠养殖场建于1888年，直到1905年，御木本才在其养殖场中找到几颗形状近圆形的珍珠，也证明了人工养殖珍珠获得了成功。

Akoya海水珍珠的培育有着严格的控制，以及一套严谨的标准体系，这也奠定了Akoya海水珍珠在世界珍珠市场上的良好声誉。

⊙ 南洋白珠配Akoya珍珠项链

此项链由非常罕见的直径在9～10毫米的高品质Akoya珍珠穿制而成，再配以圆润无瑕的大颗粒南洋白珠吊坠，珠联璧合。

⊙ Akoya双扣金链满天星项链

贝珠

贝珠是一种替代珍珠，主要有两种，一种由天然的海水贝壳打磨而成，一种由贝壳粉制成。贝珠一般会被镀成银白色、金黄色、孔雀绿、孔雀蓝等颜色。

一般来说，高档的贝珠都是经过精湛的加工制作而成，这样的贝珠色泽亮丽，能达到不褪色、不变色的效果，更易于收藏者进行保养。

⊙ 不同颜色的贝珠

⊙ 淡水珍珠

⊙ 贝珠

⊙ 贝珠手串

珍珠的开采与加工

·珍珠的采收和处理·

珍珠的最佳采取时间在年末至次年2月之间，这时，温度较低，珍珠贝分泌珍珠质的速度减慢，珍珠表层光滑，光泽好，比较适合采取珍珠。

在采取珍珠之前，一定要根据国际珠宝的相关标准进行抽检，只有这样，才能采取到珍珠层厚度最佳的珍珠。珍珠国际标准如下：细

⊙ 没水採珠船

⊙ 等待取出的珍珠

珠，珠径为2.6～4.9毫米，珠层厚0.3毫米；小珠，珠径为5.0～6.4毫米，珠层厚0.5毫米；中珠，珠径为6.5～7.9毫米，珠层厚0.8毫米；大珠，珠径为8.0毫米以上，珠层厚1.0毫米。

抽样检查后，把合格的珠贝从水中取出，然后用开贝刀从珠贝腹部边缘开口处插入，用刀割断闭壳肌，然后用镊子或刀慢慢地插入育珠袋，小心地取出珍珠。抽检不合格的珠贝，则需要适当延长育珠的时间。

采取到珍珠之后，要对珍珠进行一系列的处理步骤，只有这样，才能将这些珍珠变成真正的商业珍珠。

首先，要及时清洗，否则珍珠表面的黏液会氧化或凝结破坏珍珠的光泽度。一般来说，可用盐水或肥皂水进行清洗，再用清水洗干净；对于一些光泽比较暗的珍珠，可用稀盐酸、双氧水进行进一步清洗，这样可以提高珍珠的光泽度。

其次，清洗完毕后，用绒绸布将珍珠进行打磨，或施以橄榄油以增加珍珠的光泽；还可以将珍珠装入盛有锯末或精盐的布袋中揉摸，最大限度地增加珍珠的光泽。

最后，经过预处理后，将珍珠阴干放入布袋中保存，这样可以保持良好的通风通气。

·珍珠的加工·

采取和处理完的珍珠，还需要进一步加工，这样，这些珍珠才能真正地走向市场。一般来说，刚采集处理后的珍珠，只有十分之一可以直接作为饰品佩戴，其余的都必须经过严格的加工处理，以提高珍珠的光泽、颜色以及光洁度。

⊙ 满天星珍珠项链

此项链精选近正圆珍珠以波浪形K金链穿制而成，满天星造型设计使珍珠项链更适合年轻女性佩戴，彰显青春与活力。

⊙ 大溪地黑珍珠首饰套装

珍珠的加工工艺分为初加工和精加工两个阶段。初加工就是将养殖场出产的珍珠进行优化处理，以达到宝石级的商品要求，这样才能更好地提高其经济价值；精加工就是根据需要对珍珠进行相关的设计、镶嵌等工艺。

一般来说，珍珠的加工工艺主要包括预处理、漂白、增白、增光、染色、抛光等工艺流程。

预处理

预处理主要包括分选、打孔和脱水处理等。分选是根据相关的标准对珍珠进行归类；打孔的目的是为了更好地设计加工（如镶嵌、串珠等）；此外，还需要将珍珠内的水分除去，这就是脱水，一般多采用无水乙醇和纯甘油进行预处理。

漂白

漂白就是将珍珠内不均匀的颜色进行处理。据了解，大部分的养殖珍珠有着或多或少的杂色，只有通过过氧化氢漂白剂、表面活性剂、pH稳定调节剂等多种药剂的处理，才能去除珍珠内的杂色。

增白

经过漂白后，珍珠的颜色大都已经变得洁白，但由于珍珠所含物质的不同，漂白后珍珠总会不同程度地出现泛黄的情况，这个时候，就需要对珍珠泛黄的部位进行增白。增白一般采用荧光增白剂进行处理，使用增白剂后，可大幅度增加珍珠的白度和亮度。

⊙ 珍珠配红宝石及钻石戒指兼吊坠

18K白金打造花朵形，花蕊由南洋珍珠担当，花瓣满镶红宝石及钻石，完美地诠释了“珠光宝气”。此饰品既可以作为指环，也可以做吊坠佩戴。

增光

增光是珍珠加工工艺的重要步骤。光泽度是影响珍珠价值的重要标准，是珍珠工艺品位的重要因素。经过科学实验证明，含镁的化合物在弱碱性条件下对珍珠有着显著的增光效果。可以将珍珠放入混有铝镁复合盐的弱碱溶液中，在恒温的条件下，在短时间就可以大大增强珍珠的光泽度。

染色

染色是将珍珠根据不同国家、不同地区、不同人种对色彩的爱好进行染色处理。根据所用染色溶剂的不同，可分为水染、油染和酒精染三种。据了解，用适当浓度的高锰酸钾水溶液染色，可将珍珠染成金黄色；活性深蓝染料的水溶液可将珍珠染成淡蓝色；用40～60℃的罗丹明B和酒精调和成的溶液染色，可将珍珠染成粉红色。

抛光

抛光就是将珍珠的表面进行光泽度的处理。抛光能让珍珠覆上一层薄薄的蜡质，这样可以保护珍珠表面免受损伤。此外，抛光速度和抛光料的选择也决定着抛光的效果和质量。

珍珠饰品的分类

珍珠饰品是珠宝饰品中的佼佼者，因为珍珠独有的特质与气息，其制成的饰品深受人们喜爱。随着现代珍珠加工技术的进步，珍珠不仅可以做成单独的饰品，也可以与其他贵重物品做成各式各样的名贵饰品。

最近几年来，人们大多采用好的珍珠，搭配以贵金属、玉石、翡翠等，打造出一系列具有独特风格的珍珠饰品。珍珠饰品主要包括戒指、耳饰（耳环、耳钉）、吊坠、手饰（手镯、手链）、项链、胸针以及套件等。

⊙ 大溪地黑珍珠配钻石戒指

珍珠直径达15.36毫米，周围群镶钻石。黑色与白金、钻石相搭配，对比强烈，更能突出黑珍珠的美丽。

·戒指·

戒指佩戴范围广泛，制作材料可以是金属、宝石、木等。戒指的佩戴历史源远流长，不同地区对不同的佩戴方式有着不同的代表含义。

一些戒指会镶嵌宝石，镶嵌不同宝

石又有不同的意义。钻石象征永恒，代表爱情的忠贞；翡翠表示爱情；珍珠表示高贵；紫晶表示健康、机敏和幸运……

珍珠戒指多选择圆度好、接近正圆的珍珠作为镶嵌的主要宝石。除了圆度以外，珍珠的光泽、颜色、形状和尺寸也是衡量珍珠戒指价值的重要标准。

⊙ Akoya三圈戒指

⊙ 金珠耳坠

耳坠选择直径在12～13毫米的金珠打造，珠光莹润，色泽饱满。吊环与金珠连接处镶天然锆石，造型简单，古朴典雅。

·耳饰·

大部分耳饰都由金属打造，也有镶嵌或悬挂珠玉的。耳饰造型丰富，按照其形制，可分为耳坠、耳环、耳钉三种。

耳坠指带有下垂饰物的耳环，耳针可为直线形，也可为圈状。

耳环的耳针一般为圈状金属吊环，带有装饰物的一端直接与耳针相连，无下垂饰物。

耳钉比耳环小，形如钉状，耳针为直线形，装饰物在耳钉顶端。

耳环和耳坠是最能体现女性美的重要女性饰物之一。通过耳环的款式、长度和形状的正确运用，能起到调节人们的视觉，达到美化形象的目的。珍珠耳饰，堪称达人必备单品。

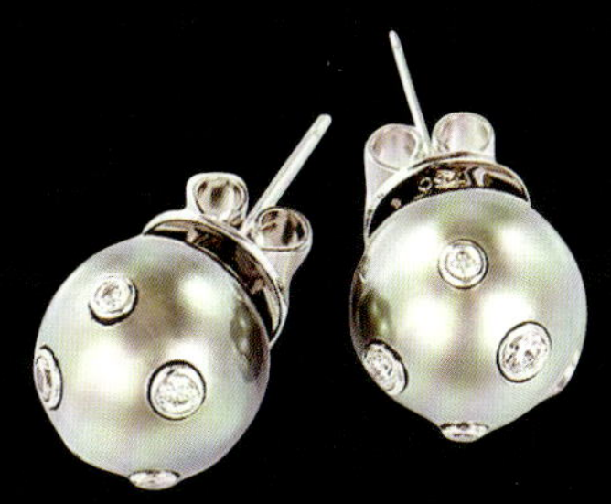

⊙ 大溪地黑珍珠耳钉

18K白金镶嵌大溪地黑珍珠，饱满莹润，珍珠之上配以钻石，如黑夜星空，繁星璀璨。

⊙ 珍珠耳钉

⊙ 大溪地黑珍珠配钻石耳钉

直径11.5毫米的黑珍珠呈现孔雀绿并有紫红伴彩，18K金打造呈花叶形状，衬托于珍珠底部，花叶间点缀圆形钻石，整体造型华丽而含蓄。

⊙ 淡水珍珠耳钉

⊙ 珍珠耳坠

⊙ 淡水珍珠耳钉

⊙ Akoya珍珠吊坠

吊坠

戴在脖子上的吊坠多为金属质地，也有矿石、水晶、玉石等其他材质。在古代，吊坠主要用于祈求平安，镇定心志，兼备美化形象的作用。珍珠作为“佛家七宝”中的珠宝皇后，是古代皇家贵族首选的首饰，珍珠吊坠更受关注。

⊙ 玫瑰金配金珠吊坠

金色南洋珠直径达13.9毫米，搭配玫瑰金及钻石，设计简洁，生动可爱。

⊙ 18K金镶钻石及碧玺珍珠吊坠

白色珍珠直径14.6毫米，珠粒近似圆形，珠光较强。吊环似蛇形，配镶一颗圆形钻石，一颗马眼形钻石，期间满镶碧玺。首饰造型时尚，可别针、吊坠两用。

·腕饰·

狭义的腕饰是手链和手镯的代名词，腕饰呈链条状，制作腕饰的材质可选择性较多，金属、珠宝、皮质等比较常见。

珍珠腕饰以手串、手链居多，珍珠的选择也较多，可以选择形状规整的珠粒，也可以选择异型珠粒；可以单条佩戴，也可以多排展示；可以单颗打造，也可以搭配其他宝石设计。

⊙ 多彩黑珍珠手链

黑珍珠最早可追溯到古希腊时期。传说月亮的甘露坠落人间，当甘露滴落于黑蝶贝中，在海洋的孕育下，荟萃日月精华，化身为魅惑的黑珍珠。此条黑珍珠手链珠粒圆润均匀，珠光强烈，不同颜色的珍珠会集在同一条手链中，绚丽夺目。

⊙ 三重珍珠手链

⊙ 珍珠手链

⊙ 南洋珍珠配祖母绿、蝶贝及钻石项链吊坠

这条项链为欧洲经典款式，设计得和谐而美丽。高贵的祖母绿配石与泪滴形南洋珍珠完美搭配。

·项链·

自古以来珍珠项链就备受女性朋友的喜爱，因为天然珍珠首饰不仅佩戴美观更重要的是它还具有一定的护养作用，有美容养颜、镇定安神的功效。

⊙ 南洋金珠项链

⊙ 香槟色金珠项链

⊙ 珍珠项链

⊙ 香槟色金珠项链

⊙ 香槟色金珠项链

⊙ 粗金链珍珠项链

·胸针·

胸针又可称为胸花，是一种别在上衣上的针状小装饰品，可以作为装饰品，也可以作为固定衣物的别针。一般为金属质地，表面镶嵌宝石、珐琅等。胸针多以珍珠作为主要镶嵌珠宝，也可以与其他珠宝搭配镶嵌，风格多变，能满足不同年龄、不同层次的魅力女性对珍珠胸针的需求。

⊙ 南洋白珠胸针

⊙ 日本海珠配钻石及彩宝吊坠兼胸针

此件饰品将钻石和各色彩宝与6颗粉色系日本海珠搭配使用，彩宝色彩明丽，钻石光耀闪烁，珍珠珠光熠熠。流线造型，既可作为胸针单独使用，也可以搭配项链使用。

女性在胸前显眼的位置装饰一枚精美漂亮的珍珠胸针，可以充分展现女性的妩媚温柔、高贵含蓄。在一些比较素雅或者设计比较简洁的衣服上装饰一枚珍珠胸针，常常会有意想不到的动人效果。

珍珠胸针大多可以一物多用，这种设计一般比较巧妙，既可以作为胸针装点衣物，也可以作为吊坠提升气质。

⊙ 树叶造型珍珠胸针

·套装·

每一件珍珠首饰都有一个美丽的故事，每一件首饰都有自己独特的韵味，一件单品都可以让人沉醉，一旦设计成套装，更让人惊艳。

⊙ 金珠配钻石花型首饰套装

此套装中包括胸针一枚、戒指一只及耳饰一对。每件饰品以黄色K金打造花叶造型，白色K金并镶嵌钻石打造花瓣造型，一颗圆形金珠点缀在中心。整套饰品华丽富贵，端庄大方。

⊙ 南洋白珠首饰套装

18K白金镶嵌白色南洋珍珠，戒指珍珠直径约18毫米，耳环珍珠直径约16毫米。南洋珠珠光强，珠体圆润，首饰整体设计简单大方。

⊙ 大溪地黑珍珠首饰套装

珍珠养生保健

珍珠是世界上唯一有生命的珠宝，它不仅有艺术欣赏价值和收藏价值，还具有独一无二的养生价值。

·珍珠中对人体有益的成分·

据科学检测，珍珠中含有多种人体需要的元素，它不仅能增强细胞的活力，还能延缓细胞衰老，起到延年益寿、长葆青春的养生效果。

珍珠中的钙含量高

钙有“人体基石”的美誉，是新陈代谢中一种非常重要的营养素。钙与人体中的毛细管渗透有关，人体如果缺钙，皮肤会加速衰老。珍珠所含的钙能促进人体的新陈代谢，能使皮肤变得光滑水嫩、白皙清新。

⊙ 养殖珍珠配钻石项链

珍珠中含有锌元素

锌元素能维持皮肤的光泽和柔滑，具有很高的营养价值。它能参与激素的合成，故有“生命之花”的美誉。此外，锌元素与人体内的300种酶的活性有关，还与核酸和蛋白质的合成有着重要的关系。用珍珠美容可以促进人体内酶的活力，增强细胞活力，延缓皮肤的衰老。

⊙ 天然珍珠耳环

珍珠中含有铁元素

铁元素被称为“美容元素”，是人体内必需的一种重要元素。铁元素能保持人们皮肤的弹性，使人荣光焕发，长时间保持姣好的面容，所谓的“红颜”就是血液中血红素铁的表现。珍珠美容可以减少皮肤皱纹，增强皮肤的弹性，增加皮肤的天然血色。

珍珠中含有人体所需的多种氨基酸

如丝氨酸、半胱氨酸、缬氨酸能促进人体表皮组织上皮细胞、角质细胞的增殖生长、分裂，重组皮肤内层，促进皮肤的新陈代谢；甘氨酸能促进皮肤胶原细胞的再生，增强皮肤的保湿效果；赖氨酸能促进蛋白酶和胃酸的分泌，增进人们的食欲，还能增进人体对钙的吸收，加速骨骼生长；天然甲硫氨酸能提高皮肤的弹性，增加皮肤的活力和光泽；磺酸能净化血液，促进皮肤新陈代谢的速度，使皮肤变得水嫩有光泽。

珍珠中含有铜、锰和铬等微量元素

铜元素可以保持皮肤的弹性和光泽，皮肤和毛发色素的代谢都离不开铜元素；锰元素则能增加代谢酶的活性，阻止和延缓人体器官的老化问题；铬元素则能降低人体的血胆固醇，防止动脉硬化，还能增加皮肤的细腻度和弹性。

·珍珠内服外用的好处·

据了解，珍珠粉的养生美容价值已传承了两千多年。珍珠粉不仅可以外用，还可以内服，都能起到良好的养生作用。

珍珠粉外用，可以解决很多皮肤问题。

去角质、去黑头

珍珠粉加水调成糊状，涂在面部T字区和容易出油的部分，几分钟后，用手轻轻地按摩这些部位，直到珍珠粉变干，也可以加入适量的清水继续按摩，最后用清水洗净。这种方法可以使面部的毛孔越来越细腻。

去痘痘、去痘印

珍珠粉加水调成糊状，涂在有痘痘和痘印的地方，这种方式可以过夜，第二天早上洗干净即可。如果面部有大量的痘印的话，可以将珍珠粉和芦荟胶混合调制成面膜涂抹。

⊙ 珍珠粉

控油

在乳液中加入少许珍珠粉，涂在面部容易出油的地方，皮肤可以一整天都非常干爽。

美白

将牛奶和少量蜂蜜与珍珠粉充分调和，呈糊状，均匀地涂在面部，可适当地加以按摩，20分钟后用清水洗干净即可，长期使用可以达到美白的效果。

珍珠粉的内服也有很多好处。可取1克左右珍珠粉，冲水直接服用，也可以将珍珠粉加入牛奶、饮料或拌在米饭中。服用珍珠粉需要注意以下问题：第一，珍珠粉属于寒性，一定要饭后服用，以免伤到脾胃，脾胃不好的人可以减少服用量；第二，内服的珍珠粉一定要选质量好的；第三，千万不要操之过急，一定要按部就班长期服用，才能达到想要的养生效果。

·珍珠的药用价值·

珍珠不仅是珍贵的装饰品，还是名贵的药材，能治疗多种疾病，可谓良剂。

据了解，我国以珍珠入药已有两千多年的历史，西汉的《名医别录》，梁代的《本草经集》，唐代的《海药本草》，宋代的《开宝本草》，明代的《本草纲目》，清代的《雷公药性赋》等十九种医书中都有对珍珠药用的记载。《本草经集》曾有记载，珍珠有“治目肤翳，止泄”的功效，《海草本集》也曾记载其同样的功效。《本草纲目》中记载，“（珍珠）定惊，清肝除翳，收敛生肌”，还有“安魂魄，止遗精、白浊，妇人难产，解豆疗毒”等功效。慈禧太后也十分喜欢珍珠，她相信珍珠可以延年益寿，并每隔十天服用一银匙珍珠粉。1997年出版的《中华人民共和国药典》及《中药大辞典》均指明：珍珠具有安神定惊、明目去翳、解毒生肌、清热祛痰等功效。

从中医的角度看，珍珠为甘、咸、寒属性，可以起到改善心浮气躁、心慌心悸的作用，具有安神定心的功效。

服用珍珠粉和佩戴珍珠饰品都有一定的药用价值。从临床上讲，长期佩戴珍珠项链，可以镇定安神，防治咽喉炎、调节血压、心率，也可以缓解眩晕的状况。

北京中医药大学刘静阁博士认为："现代社会许多高阶女性在商务谈判等场合都喜欢佩戴珍珠首饰，往往会起到镇静心神、头脑清醒、反应敏锐的作用。政务及商务洽谈伙伴会被其优雅的风范和仪容所吸引，减少敌意和抵触心理，使对手或伙伴镇静下来，从而使决策、谈判效果最佳化。"

现代医学临床试用证明，长期服用珍珠粉具有补充钙质、调节肠胃和心脑血管系统、促进人体新陈代谢和改善睡眠的功效。珍珠中所含的蛋白质成分对溃疡也有很好的疗效，使用珍珠粉，可以很好地治疗目赤翳障、疮疖和消化性溃疡。此外，珍珠中的锗、硒元素还是很好的抗癌物质，这些元素能降低人体内癌细胞的电子电位，促使其分裂增殖机能发生变化，从而抑制癌细胞的增生。

zhenzhujiandingyuxuangou

Chapter 2

等级评估与鉴定

珍珠的等级与价值评估

珍珠是万众瞩目的珠宝，由于文化和审美的差别，各国对珍珠等级的评定标准有一定的差异。

· 珍珠的分级 ·

总体而言，最受大众认可的珍珠质量等级是由珍珠的光泽、皮质、尺寸、形状、珍珠层厚度以及颜色六个方面决定，而且在评估珍珠等级时，需要将珍珠放于白色背景中，并需要日光或自然光的照射。

光泽

珍珠的光泽取决于珍珠层的厚度、珍珠层文石或方解石的排列顺序等因素。关于珍珠光泽的衡量标准，目前并没有一个比较明晰的标准。

⊙ 天然珍珠配钻石戒指及耳环

⊙ 南洋珍珠配钻石戒指

此戒指设计精美独特，由淡雅的黄色戒托镶以白钻，衬托出南洋珍珠的柔美妩媚。

我们可以根据行业的通用规则，将珍珠的光泽分为四个等级：最高光泽，说明珍珠表面光泽特别明亮、均匀，反光如镜面反射，反光影像线条清晰；高光泽，说明珍珠表面光泽清晰明亮、影像清晰；中等光泽，说明珍珠表面光泽明亮、反光线条均匀但不完全清晰；低劣光泽，说明珍珠珠层较薄、珍珠表面反光模糊、弱而且分散。

皮质

皮质指的是珍珠表层的具体表现，如光洁度、净度或有无瑕疵等。珍珠的瑕疵主要包括疱、裂纹、黑点、缺口以及珍珠层剥落等，其中缺口和珍珠层剥落最影响珍珠的皮质分级。

瑕疵的多少决定着珍珠皮质的优劣。我们可以根据珍珠表层瑕疵的多少，把珍珠皮质分为完美皮质的珍珠、微瑕疵皮质的珍珠、瑕疵皮质的珍珠和重瑕疵皮质的珍珠四个等级。

皮质越差，珍珠的价值就越低。皮质的好坏不仅影响珍珠的价值，还会影响珍珠的寿命。

尺寸

珍珠的大小是其质量好坏的重要标准，在其他相关因素相当的时候，珍珠越大，价值越高。

⊙ 天然珍珠配钻石耳钉

耳钉所镶两颗珍珠珠粒较大，直径都在13.2～13.5毫米之间。以18K黄金为底托，周围镶嵌钻石，可谓珠光灿烂。

当然，不同种类的珍珠，大小分级也不一样，各国的具体要求也有一定的区别。如塔希提黑珍珠尺寸相对较大，一般在8～14毫米，大于16毫米的相当稀少；日本和中国海水珍珠的尺寸在4～10毫米之间，大于11毫米的珍珠已不多见；淡水珍珠的尺寸就更小了，大于8毫米的已经很少见。

⊙ 天然珍珠配钻石耳坠

耳坠选择两颗水滴形天然珍珠为主体，以铂金镶钻石作为陪衬，整体造型流畅典雅。

形状

珍珠的形状也是决定珍珠价值的重要标准之一，虽然天然珍珠中的正圆珠极为罕见，但在大众的眼中，圆度越高的珍珠，价值越高。

除了正圆珠，一些镶嵌使用的具有规则形状的珍珠也比较受欢迎，如水滴形、椭圆形以及纽扣形。除此之外，一些异形珠也逐渐受到人们的欢迎。

随着人们审美需求的变化，将会有越来越多的随形珍珠走上更高的价位。相比之下，正圆形的珍珠价值比较稳定，而随形和异形珍珠的价格往往呈现忽上忽下的跳跃性。

⊙ 天然珍珠吊坠兼胸针

珍珠层厚度

珍珠层厚度越大，珍珠的价值就越高，光泽度也就越高。一般来说，具有一定收藏价值的珍珠的珍珠层厚度都在0.5毫米以上。实际上，珍珠层的厚度、光泽的好坏和皮质的优劣很难分开，只要有一项未达到标准，其余两项则肯定比较差。

颜色

珍珠有着各种各样的颜色，但没有一定的分级标准，这主要受到地域文化和人们审美观点的影响。有的人认为金色的珍珠好，有的认为黑色的珍珠好，有的人认为白色的珍珠好，不一而足。但是，颜色有一个统一的标准，珍珠的晕彩和伴色越棒，珍珠的价值就越高。

根据现有珍珠市场颜色种类，可把珍珠颜色分为白色系、黑色系以及彩色系三大类。白色系珍珠市场占有率最高，如日本和中国的海水珍珠，以及大部分的南洋珍珠；黑色系珍珠相对稀少，如塔希提珍珠；彩色系珍珠，又称有色珍珠，如金色、绿色以及粉红色等珍珠。

不同色系的珍珠价值很难一概而论，有的珍珠产量稀少，则价值较高，如南洋金珠；有的珍珠在宣传方面做得比较好，则价值相对较高，如塔希提珍珠等。

总体来说，只要把握了以上六个方面，就可以把珍珠分出一定的等级，也能分辨出珍珠的价值高低。

⊙ 黑珍珠项链及耳坠

优雅纯净的黑珍珠，低调而不失华丽，显示出岁月沉淀出的大气与稳重，闪烁出一抹宁静的惊艳。

珍珠的价值评估

珍珠的价值评估主要由颜色、光泽、形状、球面质量和尺寸五个方面决定。

颜色

颜色是评价珍珠价值的重要标准之一，如南洋金珠、南洋白珠等就属于珍珠中的佳品。当然，因各地区的风俗、民族、文化背景以及市场需求不同，人们对珍珠颜色的喜好也各不相同。虽然个别稀缺颜色的珍珠价值极高，但总体而言，颜色价值只能影响珍珠整体价值的10%～20%。

珍珠的颜色由体色、伴色和晕彩三部分组成。体色指的是珍珠本身整体的颜色；伴色指的是漂浮于珍珠表面的一种或多种颜色；晕彩指的是珍珠表面或表层下形成的可漂移的彩虹色，它是由珍珠结构所导致的光的折射和衍射等多种光学显现的综合反映。

伴色与晕彩有一定的区别，伴色是位于珍珠表面的某种颜色，而晕彩则为可飘移的、具有朦胧感的彩虹色。

⊙ 天然彩色珍珠配钻石项链

两行项链由190颗天然珍珠穿制而成，珠粒直径为8.45～3.3毫米，项链扣上镶嵌一颗纽扣形天然珍珠。

光泽

光泽指的是珍珠表面反射光的强度以及映像的清晰程度，它是决定珍珠质量和价值的重要因素之一。

人们赋予珍珠高雅端庄的气质，很大程度上得益于它的光泽。品质高的珍珠表面有均匀的光泽，还带有彩虹般的晕彩。良好的珍珠光泽能给人以含蓄、淡雅、温润的感觉。

珍珠的光泽由珍珠层的构成来决定。一般来说，光泽好的珍珠，珍珠层的厚度相对较厚，其珍珠质的排列有序度较高，珍珠层的层数较多。根据珍珠市场现状来看，珍珠的珍珠层厚度超过0.5毫米为佳，厚度在0.35～0.5毫米为一般，厚度在0.35毫米以下为差。珍珠的珍珠层厚度只有达到0.35豪米以上，珍珠才能显示出很好的光泽。

⊙ 金珠项链

此项链选用直径11～14.1毫米的金珠穿制而成，金珠表面反射光明亮、锐利、均匀，映像清晰。锁扣处以K金打造，镶嵌一颗异形金珠及三颗钻石。

珍珠的光泽度越高，价值也就越高。根据珍珠光泽强度的不同，可以将珍珠的光泽分为极强、强、中和弱四等。具体表现如下表所示：

珍珠光泽质量要求表

光泽级别	海水珍珠质量要求	淡水珍珠质量要求
极强	反射光特别明亮、锐利、均匀，表面像镜子，映像清晰	反射光很明亮，锐利均匀，映像很清晰
强	反射光明亮、锐利、均匀，映像清晰	反射光明亮，表面能见物体映像
中	反射光明亮，表面能见较清晰物体映像	反射光不明亮，表面能照见物体，但映像较模糊
弱	反射光较弱，表面能照见物体，但映像较模糊	反射光全部为漫反射，表面光泽呆滞，几乎无映像

形状

形状指的是珍珠的外部形态，一般分为圆形、椭圆形、扁圆形、异形等类别。俗话说，珠圆玉润，珍珠中价值最高的是正圆形的走盘珠，但是异形珍珠如果经过巧妙的构思，也可能达到意想不到的艺术效果，价值很可能大大提高。

珠面质量

珠面质量指的是珍珠表面的具体情况，主要包括瑕疵的多少和光洁度的高低两方面。

⊙ “百卉含珠”珍珠首饰套装

⊙ 南洋金珠首饰套装

此套首饰选用上等南洋金珠穿制而成，珠粒表面无瑕疵，光洁如镜，有极高的收藏价值。

⊙ 南洋白珠首饰套装

此珠串由25颗白色南洋珍珠穿制而成，配以18K黄金镶钻链扣及耳环一对，通体浑圆，珠面几近无瑕，雍容华贵。

和其他宝石一样，如果珍珠表面出现剥落、污点、裂纹、划痕、凸起等瑕疵，说明这颗珍珠是不完美的，它的价值就会大大降低。如果瑕疵出现较多，则说明珍珠的光洁度较低，价值不高。

尺寸

尺寸指的就是珍珠的大小。根据珍珠形成的时间长短以及珍稀度判断，珍珠的尺寸越大，其价值也越高；同一等级的珍珠，尺寸越大，其价值自然也越高。

根据业界的规定，按珍珠的尺寸大小可将其分为六个等级：厘珠、小珠、中珠、大珠、特大珠和超大珠。六种等级的珍珠具体尺寸见下表。

等级名称	尺寸	等级名称	尺寸
厘珠	2.0毫米≤直径≤5.0毫米	大珠	7.0毫米≤直径≤7.5毫米
小珠	5.0毫米≤直径≤5.5毫米	特大珠	7.5毫米≤直径≤8.0毫米
中珠	5.5毫米≤直径≤7.0毫米	超大珠	8.0毫米≤直径

珍珠的鉴别

珍珠以其特有的雅致特质，加之其迷人的光泽和彩虹色的晕彩，受到全世界人们的喜爱。随着珍珠市场的逐渐升温，人们对珍珠的需求量越来越大，但是天然珍珠的产量实在太低，人们经过长时间的培育，发明了人工养殖珍珠，给珍珠爱好者带来了福音。

·天然珍珠与养殖珍珠的区别·

天然珍珠是大自然不经意间把杂质放入蚌贝体内，随着时间的流逝，慢慢形成珍珠，一般蚌贝的寿命在30年左右，从概率上来讲，一颗天然珍珠的形成可以说得上是天地的造化，它的珍贵性不言而喻。养殖珍珠则是人为地把珠母放入蚌贝体内，在海水或淡水中养殖，产量自然大大增加。那么，该如何区分天然珍珠和养殖珍珠呢？

第一，看形状。天然珍珠因珠核的形状不同，在珍珠质长时间的包裹下，其形状和圆度自然无法预估，一般来讲很少出现圆度极佳的珍珠；养殖珍珠则因为植入珠母的原因，在圆度上则比较容易控制，常出现圆度极佳的珍珠，甚至可能会出现精圆珠。

第二，看结构。天然珍珠的内核一般为天然石英沙砾或其他比较坚硬的物质；而养殖珍珠的内核则是人为制作的，只要了解了养殖珍

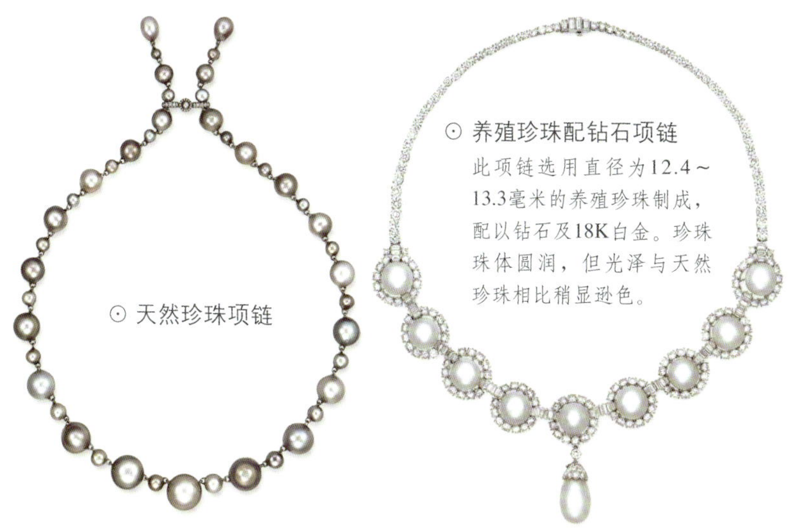

⊙ 天然珍珠项链

⊙ 养殖珍珠配钻石项链

此项链选用直径为12.4～13.3毫米的养殖珍珠制成，配以钻石及18K白金。珍珠珠体圆润，但光泽与天然珍珠相比稍显逊色。

珠珠母的性质和结构，就比较容易分辨出天然珍珠和养殖珍珠。

第三，看外观。天然珍珠看似无核，从里至外，基本上是一致的，很难看出其中的内核，而且，天然珍珠结构致密，看起来细腻温润；养殖珍珠基本可以看出其中的内核，看起来表里不太一致，结构比较疏松。

第四，看透明度。天然珍珠透明度较高，多为半透明，光泽柔和自然；养殖珍珠透明度不佳，因养殖时间较短，光泽感不强，其表面常会出现类似“小包”之类的瑕疵。

第五，看表面形成的颗粒。天然珍珠因自然而成，其颗粒大小和形状不一；养殖珍珠的颗粒的大小和形状则比较均一。

第六，看珍珠层。天然珍珠因异物进入蚌贝体内自然形成，生长时间相对较长，其珍珠层较厚；养殖珍珠则因人工植核，生长时间较短，珍珠层比较薄。

第七，看珍珠的洞眼。天然珍珠可以看出一圈圈如年轮般的纹路，从里至外能看到很多层；养殖珍珠只有两层，并能发现二者之间的结合不太致密，不太自然。

·天然珍珠与养殖珍珠的鉴定方法·

简单了解了天然珍珠和养殖珍珠的区别后，我们为大家介绍几种分辨天然珍珠和养殖珍珠的专业仪器鉴定方法。

内窥镜鉴别法

内窥镜法主要分为单内窥镜鉴别法和双镜鉴别法，但是这种鉴定方法需要在珍珠上钻孔，请大家谨慎选择。

单内窥镜鉴别法

单内窥镜鉴别法是用强光从钻孔的一侧照入，以此来检查珍珠的外壁。强光通过珍珠外壁反射到镜子上，又通过镜子反射到显微镜上。如果是天然珍珠，从显微镜下可以看到一层一层如年轮一样的同心圆，从珍珠外表一直延伸到珍珠的中心，且光的亮度通过一层一层的同心圆逐渐降低；如果是养殖珍珠，则可看到明显的珠核，同心圆从珠核开始，而光的亮度呈迅速降低趋势。

⊙ 养殖珍珠首饰套装

白K金与31颗粉紫色圆形养殖珍珠相映成辉，项链的珍珠直径为14～16毫米，耳坠的珍珠直径为14.5毫米。整套首饰配镶圆形及条形钻石，钻石总重达1.23克拉。

⊙ 养殖珍珠配钻石“蝴蝶”胸针

此胸针长7.5厘米，设计成蝴蝶造型，以2颗祖母绿作为眼睛，18K粉红金及白金打造的翅膀上镶满圆形钻石，灵动奢华。

双镜法

将空心针插入珍珠的钻孔中，两面镜子与针的延长方向成45°角，彼此成90°角。把空心针装在强光源前面，使光直接穿过空心针到达第一个镜面，通过这个镜面光反射到穿孔珍珠的壁上。如果珍珠是养殖的，光将沿着许多平行层传播，一直到光穿透薄的珍珠质的壳层；若是天然珍珠，光穿过珍珠的孔洞，直接照到第二面镜子上，反射到显微镜内。这是因为在天然珍珠中，当光投射到穿孔珍珠的壁上时，光在珍珠质的同心圆内围绕珍珠传播，开始投射到珍珠壁上的光被全部反射的结果。

X射线衍射法

用X射线照射待检测的珍珠，天然珍珠的任何部位产生的衍射图都会有六次对称，而且会出现六方图案的斑点；如果是养殖珍珠，则只会在某一位置出现六次对称。如果养殖珍珠的珍珠质厚度比较大，用这种方法很难看出二者的区别，如果是无核的养殖珍珠则更难分辨。

X射线照相法

用这种方法鉴定珍珠，如果是天然珍珠，因其结构性质比较均匀，得出的X射线相片会呈现出比较细微的层次感；如果是养殖珍珠，因为珍珠核与珍珠质的分界线比较明显，其X射线相片不会出现类似的层次感。

荧光法

荧光法一般与X射线法一起使用，这种鉴定方法得出的结果最准确。用X射线照射时，天然珍珠一般不会出现荧光，只有个别淡水天然珍珠和一些澳大利亚天然珍珠才会出现荧光；照射养殖珍珠时，则一定会出现荧光。

⊙ 养殖珍珠配彩色钻石项链

⊙ 天然珍珠项链

·海水养殖珍珠与淡水养殖珍珠的鉴别·

按生长养殖环境来说，珍珠可以分为海水珍珠和淡水珍珠两大类。因为生长环境、生长时间和养殖方法的差异，海水珍珠和淡水珍珠有很大的区别。

第一，从产量上讲，海水珍珠的产量比较少。一般来说，一只蚌贝只能培育1～2颗珍珠，而且因为生长环境比较复杂，蚌贝很容易发生死亡；淡水珍珠产量较大，一只蚌贝一般可以培育30～40颗珍珠，从此看来，淡水珍珠的质量不高，据统计，一般100颗淡水珍珠里才能发现一颗比较完美的。总体而言，比较完美的淡水珍珠的产量与优质海水珍珠的数量相差无几。但海水珍珠的产量相对较低，这也间接引起海水珍珠价值的上升。

第二，从形状上看，海水珍珠是有核养殖，形状为正圆形的居多；淡水珍珠则形状各异，有近圆形、椭圆形、扁圆形、异形等，正圆的淡水珍珠相对较少。

第三，从光泽上看，海水珍珠的珍珠质密度较高，光泽比淡水珍珠要锐利一些；淡水珍珠的光泽要柔和一些。

⊙ 大溪地养殖珍珠项链

此项链由31颗大溪地养殖海水珍珠穿制而成，珠粒直径为12～14.3毫米。

第四，从颜色上看，海水珍珠呈现半透明的感觉，颜色主要有白色、金色、黑色以及银灰色等。中国和日本的海水珍珠一般白色居多；南洋海水珍珠主要有白色、金色和黑色，淡水珍珠颜色主要有白色、粉色和紫色。

⊙ 淡水养殖珍珠配祖母绿及钻石胸针

第五，从尺寸上看，海水珍珠的直径一般大于淡水珍珠。海水珍珠的直径一般为6～7.5毫米，淡水珍珠的直径则要小得多。相关数据显示，中国海水珍珠的直径一般在8毫米以下，由于日本的蚌贝养殖技术较好，海水珍珠的尺寸相比中国海水珍珠要大一些，直径为8～9毫米，南洋海水珍珠则更大些，直径一般在9毫米以上，直径达到14毫米以上珍珠更是弥足珍贵。

第六，从结构致密度上看，海水珍珠的结构致密度低于淡水珍珠。

第七，从手感上看，海水珍珠的手感细腻温润，淡水珍珠的手感相对粗糙。

⊙ 养殖珍珠“蝴蝶”胸针

此胸针上镶嵌大溪地养殖珍珠、南洋养殖珍珠、碧玺、红宝石及钻石，设计成蝴蝶形状，灵动活泼。

第八，从内核上看，海水珍珠是有核养殖，生长发育时形状容易控制，而淡水珍珠普遍采用的是无核养殖法，珍珠的形状在形成过程中不好控制。

第九，从表皮上看，无论哪种珍珠，大多会出现一定瑕疵。由于海水珍珠养殖环境复杂，表皮瑕疵相对多一些；而淡水珍珠的养殖环境比较简单，表皮看起来比较平滑圆润。

通过以上几点，我们可以很容易地区别开海水珍珠和淡水珍珠。当然，珍珠是一种消耗品，不管是海水珍珠还是淡水珍珠，只要与自己的皮肤、气质相吻合，一定会提升自己的气质和品位。

· 日本珍珠和南洋珍珠的区别 ·

在国际珍珠市场上，日本海水珍珠和南洋珍珠都是比较受欢迎的品类。二者都是海水珍珠中比较珍贵的品种，日本海水珍珠的价格比南洋珍珠的价格要低很多，南洋珍珠的价格一般是日本海水珍珠的几倍甚至十几倍。那么，它们的区别是什么呢？

⊙ 日本珍珠配钻石手链

⊙ 18K金配钻石日本珍珠耳坠

⊙ 南洋金珠首饰套装

第一，母贝不同。日本海水珍珠的母贝主要是马氏贝，养殖时间一般为3～4年，南洋珍珠的母贝为金蝶贝、白蝶贝和黑蝶贝，养殖时间一般为5～6年。

第二，尺寸不同。日本海水珍珠尺寸较小，直径一般在7～9毫米，南洋珍珠尺寸较大，一般在9毫米以上，更有直径达到十几毫米的珍品。

第三，颜色不同。日本海水珍珠大多为白色，南洋珍珠除了高贵典雅的白色之外，还有富有神秘气息的黑色和富有贵族气质的金色。

第四，表皮不同。日本海水珍珠表面有一些纹理瑕疵，南洋珍珠的表面要光滑许多，几乎看不出瑕疵。

⊙ 南洋染色珍珠项链

·染色珍珠和辐照珍珠的鉴别·

在如今的珍珠市场中，各种颜色的珍珠数不胜数，更有一些黑色、深绿色、暗紫色以及古铜色的珍珠，这些珍珠有的是染色的，有的是辐照改色的。

染色珍珠检测方法

染色珍珠的颜色比较丰富，但主要为黑色和暗紫色。染色珍珠有的用稀硝酸银染色，一般染成褐黑色和黑色，但用这种方法染成的珍珠光泽较差。现在使用新技术对珍珠进行染色，效果较好。用新技术染色的珍珠的光泽和晕彩都比较好，颜色的稳定度也非常高，在紫外线照射下长时间仍不褪色。

一般来说，可以用以下几种科学仪器对珍珠进行染色鉴定。

用放大镜检测

因为染色不均，染色珍珠的颜色很可能会在某个部位集中聚集，显得颜色比较深，也可能会呈斑点状散布于珍珠的各个部位。尤其在珍珠的孔洞中，更容易发现染料的痕迹。在强光的照射下，有珠核的珍珠的珍珠质会呈现出层层如年轮状的同心圆状，染色使同心圆的轮廓显得更为明显，尤其是珍珠层与珠核接触的地方，更容易看出染色的特征。

⊙ 淡水染色珍珠项链

以染色黑珍珠为例，因颜色单一，尤其在孔洞和裂纹处聚集的染料最多，使这些部位的颜色更深。染色黑珍珠的表面颜色为纯黑色，不会附带其他颜色；而天然黑珍珠的表面带有虹彩的黑色，并附带深蓝色、深古铜色等其他色调。

利用荧光及可见光光谱鉴定

染色珍珠在长波紫外线照射下会发出染料的紫外荧光，而天然珍珠则不会出现这一现象。如天然黑珍珠在荧光灯的照射下会呈现暗红色，而染色珍珠则没有这种现象发生。

⊙ 淡水染色珍珠项链

利用化学方法检测

首先要说明的是，利用化学方法检测，对珍珠有一定的破坏性，所以要慎用此法。用棉签蘸取浓度为2%的稀硝酸擦拭珍珠，如果棉签变成黑色，说明此珍珠很可能是由硝酸银染成黑色的。此外，用丙酮溶液可以检测出染红、染蓝、染黄等其他染色珍珠。

拉曼光谱检测

这种检测方法科学性强，对检测设备及检测人员的要求很高，只有在检测实验室中才能完成。据科学检测，染色珍珠的拉曼光谱会呈现出很强的荧光背景，尤其是在1330厘米$^{-1}$和1596厘米$^{-1}$两处会呈现出明显的染剂峰，天然珍珠的拉曼光谱则完全不同。

辐照珍珠检测方法

辐照改色珍珠多为灰黑色、银灰色、深孔雀绿色以及古铜色等较深的颜色。海水珍珠经过辐照后大多为银灰色，淡水珍珠经过辐照后颜色则变得绚丽多彩。据了解，只要辐照强度适合，基本上不会改变珍珠本来的晕彩效果。辐照珍珠有以下几种鉴定方法。

利用放大镜检测

整体上看，辐照珍珠的颜色大多比较深，晕彩相对较强，主要有墨绿色、暗紫色和古铜色等。用放大镜可以观察到珍珠内部或珠核有

⊙ 淡水染色珍珠项链

裂纹出现。据了解，辐照改色的海水珍珠表层大多为白色，而且内部颜色明显较深，如果在珍珠上打孔，很容易发现珠核的颜色较深。

利用紫外线照射鉴定

以黑珍珠为例，辐照改色珍珠经过紫外线照射后常常呈现出黄绿色和蓝白色的荧光。而天然的黑珍珠在紫外线照射下呈红色荧光。

拉曼光谱检测

据科学检测，辐照改色的珍珠大多为深色，其拉曼光谱会呈现出很强的荧光背景，还会出现标准的文石谱，而且没有伴生峰。

·珍珠仿制品的鉴别·

随着珍珠市场的火爆，各种各样的珍珠涌入市场。与此同时，也出现了不少仿制珍珠，主要包括珠核镀层仿制珍珠、充蜡玻璃仿制珍珠和塑料涂层仿制珍珠三种。

珠核镀层仿制珍珠是用贝壳制成圆形的珍珠内核，然后将人工制作的珍珠精液涂在其外表而仿制的珍珠。这种珍珠在透射光的照射下，很容易发现其内核的问题，如内核上有或深或浅的条纹和珍珠精液形成的珍珠层。

⊙ 塑料涂层仿制珍珠

"珍珠"看似形体圆润，光泽强，用刀刃或硬币边缘轻轻刮其表皮，即会有漆状物掉落。

充蜡玻璃仿制珍珠，首先选取空心的乳白色玻璃球，用石蜡将空心玻璃球灌满，最后在玻璃球外表涂上一层珍珠精液仿制成的珍珠。

塑料涂层仿制珍珠，是在肉白色的塑料珠子外表涂上一层珍珠精液仿制成的珍珠。

珍珠贵为珠宝皇后，有着优雅的气质，以无与伦比的内涵。随着科学技术的发展，越来越多的仿制珠出现在市场上，那么，如何在选购时判断珍珠的真假呢？

第一，观察珍珠的光泽。一般来说，不同的珍珠会呈现不同的光泽，并会伴生一定的晕彩效果。“珠光宝气”中的“珠光”指的就是珍珠层所反射以及衍射出的独有光泽。在弱光的条件下，可以清楚地看出珍珠层所呈现的珠光强弱不同，其层次表现得非常明显；而塑料涂层仿制珍珠呈现出的珠光则显得“贼亮”，没有层次性。需要注意的是，以涂料涂层的工艺珠，其珠光与珍珠相似，大家需要注意分辨。

第二，观察珍珠的外表。一般来说，不管是天然珍珠还是养殖珍珠，不管是海水珍珠还是淡水珍珠，其形成的过程人工不可能全程参与，这些珍珠的表层总会出现或多或少的瑕疵，这瑕疵恰恰成为辨别珍珠真假的“最有利证据”。仿制珍珠由机器制成，其表面特征呈现出无瑕疵的状态，基本一看便知。

第三，观察珍珠的圆度。珍珠由各种蚌贝养育而成，其圆度极少达到精圆；仿制珍珠都由模具制成，基本上都是精圆。

第四，观察珍珠的颜色。珍珠的颜色在形成的过程中，受到各种因素的影响，一般都会有少许的色差，尤其在灯光的照射下，会出现不同的伴色；仿制珠的颜色是染成的，其颜色统一均匀，很少出现色差。

第五，用牙齿轻咬珍珠表面，天然珍珠会有砂感；如果是仿制珍珠，则不会出现这种感觉。当然，使用这种方法要十分小心，尤其对于价值高的珍珠来说，尽量不要用这种方法鉴别，以免对珍珠表面造成破坏进而影响到其价值。

第六，把玩珍珠。天然珍珠放在手中，会有凉爽、温润之感；仿制珠则比较滑腻，没有凉爽的感觉。

第七，用火烧灼。用火轻微灼烧天然珍珠的表面，会显现珍珠表层完好，且不会失去珍珠特有的光泽，用刀刮其表面时，会出现粉末状的物质；仿制珠在灼烧时则会出现大面积的黑色，且其表面很容易被破坏，用刀刮其表面时，会出现大片掉落的现象。需要注意的是，那些以贝壳为珠核制成的仿制珠，会和天然珍珠一样有粉末掉落，需要大家自己仔细分别。

第八，弹跳法。天然珍珠从60厘米的高度掉落后，反弹高度可达到20～25厘米；仿制珠从同一高度掉落时，反弹高度在15厘米以下，且连续反弹高度不如珍珠。

第九，仪器检测法。（1）以仪器检测其相对密度，天然珍珠的相对密度在2.73g/m^3；仿制珠则因仿制方法的不同，其相对密度也不同，如塑料珠的相对密度为1.05～1.55g/m^3，玻璃珠的相对密度为2.33～3.18g/m^3。（2）在长波紫外线的照射下，天然珍珠会呈现出蓝白色的荧光；仿制珠一般无荧光出现。（3）将浓度为10%的稀盐酸滴在珍珠上，如果出现起泡反应，则为真珍珠。

只要了解了珍珠的相关基本知识，各种珍珠的特点，加上以上介绍的分辨珍珠的方法，相信一定可以很容易地分辨出珍珠的真假。

珍珠的选购与收藏

珍珠色泽明亮，质地莹润，与红珊瑚、琥珀并称为三大有机宝石，自古即被视为富贵吉祥之物，受到人们的喜爱。珍珠产地有限，颇为珍贵。我国是世界上最早发现和使用珍珠的国家，但因多种原因，在国内一度比较沉寂。近两年，随着大众对珍珠价值的深入了解，珍珠市场逐渐走俏，大有爆发之势。珍珠成为珠宝界的新宠，吸引了越来越多的投资者、收藏家关注，升值潜力不容小觑，一跃成为珠宝市场的新贵。

⊙ 红碧玺配钻石珍珠胸针

18K白金镶嵌蛋面形红碧玺，配镶马眼形和圆形钻石，尾端镶嵌2颗珍珠，组合成花朵造型，艳丽时尚。

作为人类最早佩戴的珠宝之一，珍珠没有钻石璀璨、不似宝石华丽，以高雅端庄自成一家。女强人如希拉里·克林顿爱戴珍珠，时尚如可可·香奈尔爱戴珍珠，高贵如英国女王也爱戴珍珠，可见珍珠的价值和魅力。彭丽媛出访坦桑尼亚时佩戴的耳环和配饰以及赠送给坦桑尼亚总统夫人的一套饰品都是珍珠材质，珍珠首饰成为时尚界及收藏界关注的热点，一股珍珠收藏新风潮将盛行。

尽管珍珠是唯一有生命的珠宝，但之前的市场表现却一直不温不火。不过，近两年，越来越多的人对其追捧有加。从部分经销商提供的信息可知，大颗粒金色珍珠，目前在同类中身价最高，有的已出现成倍增长的趋势。

现在市场上的珍珠形状不一、颜色各异，从造型上看，有单颗珍珠加工的饰品，也有串成珠串的；从颜色上看，有白色、金色、浅紫色等淡水珍珠，也有黑色的海水珍珠；从形状上看，有圆形、水滴形、扁形等珍珠。由于品质等级不同，价格也从几千元到几十万元不等。尽管现在上好的珍珠价格不菲，但也不乏买家。

⊙ 天然珍珠项链

⊙ 南洋白珠吊坠

对北方市场而言，珍珠的价格似乎远不如翡翠、玉石、钻石、彩宝等其他品种珠宝。但对于熟悉珠宝投资领域的人士来说，珍珠却是珠宝类投资的潜力品种，而且，珍珠其实是全球通识的珠宝，其投资价值正呈上升态势。由于天然珍珠非常罕见，养殖珍珠也受到温度、气候等多方面因素的影响，高端产品产量很低。因此，珍珠的价格开始蹿升，2015年国内古旧珍珠的价格已达每克数百元以上，3克以上的珍珠已经超过万元，若是最上乘的“夜光珠”，其价格可达数十万元，是收藏界公认的潜力品种。

近几年来，珍珠正在被越来越多的人关注，特别是大直径的珍珠更为抢手。珍珠投资并不是简单地买串珍珠项链收藏。如果选择珍珠作为投资品，建议从单颗入手，直径越大越好，因为数量少，其价格普遍偏高。按颜色分，珍珠一般有白、金、黑三色，金色多产于菲律宾、印度尼西亚等地，因养殖困难，天然金珠目前近乎绝迹，所以，金色珍珠最稀有，价值最高。白色珍珠多产于日本、南洋及中国，黑色珍珠则多产于大溪地。但无论哪种珍珠，直径在8毫米以上就可以达到收藏级别。中国自古就有“七分珠，八分宝”之说，意思是说珍珠的直径只要达到8毫米就可以称为“宝”。可见珍珠的价值与其尺寸的关系极为密切，越大越贵重。

珍珠饰品的评价标准

“黄金有价玉无价”，与字画、玉器相比，珍珠在收藏方面具有独特性。从收藏角度看，珍珠本身是没有国际标准行情价格的，这也增大了珍珠投资的风险。判断珍珠的相对价值，在于珍珠的种类、大小、形状、光泽与光洁度、珠层厚度及匹配性五大根据，这些也是选购、收藏珍珠饰品的标准。

⊙ 天然珍珠配红宝石及钻石胸针

精圆最美

珍珠的形状十分重要。一般来说，精圆的珍珠是公认最美的珍珠，并且最有吸引力。水滴形珍珠也十分罕见，也具有一定的吸引力。但其他形状的珍珠也有其独特的魅力与价值。例如，巴洛克形珍

⊙ 豪华金珠戒指

金珠接近精圆，皮色润泽，晕彩自然，K金戒圈，镶嵌小颗钻石。此戒指线条简洁，佩戴高雅大方。

⊙ 豪华金珠戒指

珠因其独特的形状与尺寸而广受欢迎，而且，拍卖会上经常会出现一些异形珍珠的价格高于球形珠价格的情况。南洋珍珠的形状较多，包括圆形、半圆形、圆周形、椭圆形、巴洛克形、水滴形等，每一种都是独一无二的。所以在购买和收藏的时候，大可根据个人爱好选择。

光洁无瑕为上乘

珍珠的珠面质量包括瑕疵和光洁度。珍珠的瑕疵是指导致珍珠表面不光滑、不美观的内外部缺陷。而光洁度则指珍珠瑕疵多少的总程度。珍珠珠面常见瑕疵有腰线、隆起（丘疹、尾巴）、凹陷（平头）、皱纹（沟纹）、破损、缺口、斑点（黑点）、针夹、划痕、剥落痕、裂纹及珍珠疤等。由于是天然形成，所以很多珍珠或多或少会有些瑕疵。瑕疵越少、珠面越光滑的越珍贵。

⊙ 天然珍珠配钻石戒指

南洋珍珠和普通海水珍珠由于其底色比较浅（由白色到金色），因此，看起来大溪地珍珠（黑色为主）的光泽会比南洋珍珠和普通海水珍珠要好，这是正常现象。

珍珠放置的时间太长其表面会变黄或者出现划痕等瑕疵，会降低其价值，但如果是有历史意义的珍珠，这反而成了优势。

优品家族

珍珠虽然有很多种类，但具有市场价值的珍珠相对集中于其中几种。这里只介绍最具收藏价值的海水珍珠品种。

南洋珍珠

南洋珍珠以“南海”南洋珠为最。“南海”主要位于环绕澳大利亚北部、印度尼西亚南部及菲律宾南部的印度洋。澳大利亚北部海岸线是如今为数不多且未经污染的海岸线之一。白色南洋珍珠是世界上珠粒最大、最珍稀的品种，它们产自最大的蚌贝——大银唇与金唇珍珠母贝。由于这种蚌贝的贝体巨大，所以有时能采到直径16毫米的精圆珍珠。尽管贝壳是白色的，南洋珍珠却可以拥有许多种渐变的色彩，如温暖的白色、俏丽的粉红色、冷艳的银色，以及高贵的金色等。

Akoya珍珠

Akoya珍珠是日本著名的珍珠品种，又名阿古屋，属于珍珠中的上品。Akoya母贝是现今珍珠养殖中体态最小的母贝品种，因此，Akoya珍珠的体积也相对偏小，其直径为2～10毫米。这种珍珠多为正圆形或近圆形，是穿制项链和手链的理想材料。

黑珍珠

流传了15个世纪的传说让黑珍珠化身为深埋在大海心底的那颗伤心泪，浓郁的悲情色彩依然掩不住黑珍珠特有的魅力。黑珍珠的母贝是黑蝶贝，主要聚集在著名的波利尼西亚群岛的大溪地岛，也就是高更画笔下的塔希提岛。全球95%的黑珍珠产自大溪地；库克群岛的彭

⊙ 孔雀绿黑珍珠首饰套装

此珠链及耳坠所选的珍珠泛孔雀绿光泽，是海水珍珠中的上品。珍珠颗粒硕大饱满，色泽圆润，珍珠层反光能力好，皮光紧实。套装高贵无瑕，仪态万千。

林岛和马居希基岛黑珍珠的产量占全球黑珍珠总量的4%。塔西提黑珍珠的质量和价格明显高于人工培养的黑珍珠。在其条件相等的情况下，颗粒大而坚固的黑珍珠最昂贵。优质黑珍珠的年产量估计不超过15万颗，其中40%通过一年一度的国际拍卖会售出。

黑珍珠浑然天成的黑色基调上弥散着各种缤纷的色彩，广大珍珠爱好者可以找到孔雀绿、浓紫、海蓝等彩虹色。

越大越珍贵

中国旧有“七分珠，八分宝”之说，可见珍珠尺寸的大小与其价值极为密切——越大越贵重。另外，蚌贝贝体越大，其产出的珍珠也就越大，所以大尺寸的珍珠多出自海水珍珠。

日本的海水珍珠一般按尺寸大小分为四个等级，每一等级的直径大小至多只差2毫米左右。大珠直径为8毫米以上，中珠直径为6～8毫米，小珠直径为5～6毫米，直径5毫米以下的称为细厘珠。

大多数黑珍珠珠粒的直径集中在9～10毫米之间，大约有六成以上黑珍珠珠粒直径不超过11毫米。因此，一般把11毫米作为黑珍珠珍品的界限，而15毫米以上精圆黑珍珠非常稀有，价格无法估量。

⊙ 超大海水珍珠项链

此款珍珠项链，珠粒直径皆为18毫米，颗颗如凝露，颜色均匀，珠光宝气，华美不俗。白色的珍珠光泽让整条项链凸显高贵感，内敛华光，尽显成熟韵味。

整件多珠匹配度

对一颗珍珠制成的项链坠和一只由多颗珍珠组成的胸针进行鉴定，花费的精力完全不同。

对戒指或者吊坠等单一的珍珠可以用衡量珍珠品质的方法来评定等级，但由多粒珍珠组成的饰品，则必须视饰品中所有的珍珠作统一的评定，而非只取其中的一颗来决定整件饰品中珍珠的品质。对整件珍珠饰品来说，同样必须依照珍珠的光泽、光洁度、形状、颜色及尺寸来区分等级的高低，并且要求一件饰品中所有的珍珠质量整齐划一。

⊙ 大溪地孔雀绿黑珍珠配彩色蓝宝石首饰套装

18K玫瑰金、白金镶嵌大溪地黑珍珠，珍贵美丽孔雀绿伴色，配以彩色蓝宝石及沙弗莱石，设计线条感十足，配以同款耳环，宛若遨游海底幻境。

一般来说，珍珠的产地决定其血统的名贵与否，也决定其单品的价格标准。越大越珍贵、精圆最美、光洁无瑕为上乘、整件多珠匹配度高为佳品。

珍珠表皮的亮度往往和颜色深浅成反比，因为白色反光性强，珍珠层越薄，内部白色越明显，反光度越好。因此，颜色深且亮的珍珠堪称珍珠中的极品。

选购珍珠时要注意观察珍珠的光泽。所谓“珠光宝气”，就说明了光泽是珍珠的灵魂。可以将珍珠平放在洁白的软布上，看到珍珠流溢出温润的光泽；而迎着光线看，好的珍珠可以看到七彩虹光，层次丰富变幻，还可以看出如金属质感的球面，明亮照人。

·珍珠的保养·

珍珠被誉为“珠宝皇后”，其瑰丽的色彩、雍容典雅的形制，让它脱颖而出，在珠宝世界中独树一帜。珍珠由母贝孕育而成，光泽与珠体都有一定寿命，长时间暴露在空气中，珍珠层会受到氧化，颜色

⊙ 大溪地金珠吊坠

也会发生变化，其保值期一般在100年左右。

但是也有例外，澳大利亚考古学家在进行原住民遗址考古挖掘时，发现一颗罕见的天然珍珠。经碳年代测定法证实，这是一颗2000岁高龄的天然海水珍珠。颜色粉中带金、直径5毫米、接近正圆，并且具备一定的光泽。这颗“文物级”珍珠的发现，侧面说明天然珍珠可以保存的时间远超我们的想象。

珍珠保养要注意以下几方面。

珍珠最忌水，因此不要戴着珍珠洗澡、运动，因为水分会从珠孔渗入珍珠内部，造成珠层脱离。如珍珠不慎接触到水，应该用软棉布擦干，然后放在通风处阴干。

除了忌水，珍珠也忌热。不能让珍珠长时间暴露在高温下。同时，珍珠忌酸碱，下厨房时不宜佩戴珍珠饰品，因为油烟是酸性的。

要常用柔软的干布擦拭珍珠，不要让汗液或人体分泌的油脂长时间停留在珍珠表面。当珍珠表面附有污迹需要清洁时，应先用柔软的棉布蘸清水擦拭，然后擦干珠面水分再放在通风处阴干，切记不要用

洗涤剂。不要把珍珠和一些尖锐物体放在一起，以免划伤珍珠表面。

目前市场上的珍珠价格虽然处在上升阶段，但受保质期、不易保存等因素的影响，收藏者在投资珍珠时需谨慎对待。

·珍珠饰品的佩戴·

珍珠饰品的种类众多，这里着重讲一下不同长度的珍珠项链如何佩戴。项链根据长度不同可分为不同的类型，不同的人或同一个人佩戴不同长度的项链，产生的效果可能会有很大差异。项链的长度应该和佩戴者的脸型、颈型、肤色、衣着及具体场合相适应。

衣领型项链——长度：30厘米左右

这种项链的长度比较短，长脸型的人比较适宜佩戴这种项链，它可以使脸型显得较圆润，从而在视觉方面产生较好的效果。这种项链典型的佩戴方式是几条项链同时佩戴，具有一种古典美，与V字领或露肩低胸晚礼服搭配可以产生较好的装饰效果。

⊙ 天然珍珠配缅甸天然蛋面红宝石及钻石项链

❁ 短项链——长度：41厘米左右

这种项链是当前最流行、最经典的种类，几乎每个人都适合佩戴这种长度的项链，国内很多珠宝厂商也都把这种长度的项链作为标准产品。这种项链几乎适合与各种服装搭配，而且适合在多种场合佩戴，包括日常生活、工作、聚会等，使佩戴者显得优雅、端庄、自然。

⊙ 珍珠项链

如花般的女子，美丽瞬间绽放。18K白金的花絮像漾在水里一般，夹杂闪闪的钻石，自然的纹路清新飘逸。由内而外散发的水灵气质，自然的美丽不需要任何炫耀。

公主型项链——长度：45～48厘米

圆脸及颈部较短的女性适合佩戴这种项链，它可以使脸部和颈部显得较匀称。这种项链比较适合与高领的服装搭配，如果搭配上吊坠，也具有很好的效果。

⊙ 珍珠项链

此项链由33颗大小一致的白色珍贵珍珠穿制而成，质感细腻，晕彩美妙，珍珠圆润可人，无一瑕疵。千挑万选，方呈此端庄雍容之态。配以精致的白金珠扣，更显大方高贵。

马天尼型项链——长度：50～58厘米

这种项链也比较适合圆脸及颈部较短的女性，能达到较好的视觉效果。适合在气氛比较轻松的场合或商务活动中佩戴，可以与休闲装、职业装、长裙等搭配。

歌剧型项链——长度：70～90厘米

四方脸型的人佩戴这种项链有助于改善视觉效果。这种项链适宜搭配正式礼服，也可以搭配休闲装，能使人在视觉上产生很好的层次感。具体佩戴方式有多种：可以缠一圈佩戴，也可以缠两圈使之成为衣领型项链，产生古典美的效果，还可以在领口处或是胸部上方打一个结形成花式项链，使佩戴者显得楚楚动人。

⊙ 南洋白珠项链

此项链由58颗白色南洋珍珠穿制而成，浑圆饱满，润泽光亮。

⊙ 南洋白珠项链

此项链选用的珍珠体积硕大、诱人，设计精美可爱，款式简约时尚。

结绳型项链——长度：120厘米及以上

四方脸型的人也比较适宜佩戴这种项链。具体佩戴方式和歌剧型项链一样，也有多种选择。著名服装设计师香奈尔非常喜爱这种项链。

珍珠项链

礼服项链

这种项链是由多串不同长度的项链组合而成，多与礼服搭配佩戴，因而得此名。这种项链适宜出席正式场合或较隆重的聚会，它使佩戴者显得端庄、典雅、高贵、气质不凡。

⊙ 珍罕天然珍珠配钻石项链

⊙ 天然珍珠配缅甸天然蛋面红宝石及钻石项链

zhenzhujiandingyuxuangou

Chapter 3

淘宝实战

珍珠的规格和价值

“大、光、圆、艳”是对珍珠质量的一种概括。抛开珍珠的规格和质量，就无法讨论珍珠的价格。很多人关心养珍珠是否能赚钱，要回答这个问题，首先必须了解蚌贝育珠的特点和珍珠的价格特点。蚌贝育珠生产的目的不是蚌贝，而是蚌贝产生的珍珠。其次，育珠生产过程不仅是将蚌贝从小养到大，还要经过特殊的手术，使蚌贝能够孕育珍珠。

⊙ 珍珠耳坠及吊坠

珍珠的价格与其质量有着密切的关系。可以说质量差之毫厘，价格就可能有天壤之别！一粒尺寸小、形状不规则的珍珠可能一文不值，而一颗硕大的珍珠可能价值连城。所以，一个养殖户单位水体培育的珍珠的产值差别可能会很大。

第十九届Robert Wan大溪地珍珠拍卖会上推出的190586颗珍珠中（78%售出），平均成交价为每颗33美元。第二十五届Raspaley珍珠拍卖会上，推出了140219颗南洋珍珠（80%售出），平均成交价高达每颗84美元。

⊙ 大溪地黑珍珠配钻石项链

此项链以18K白金与黄金镶嵌大溪黑色地珍珠及钻石，配镶钻石璀璨闪耀，黑色珍珠亮泽圆润，优雅别致。

目前，南洋珍珠、大溪地黑珍珠、我国淡水珍珠和日本Akoya海水珍珠等主流珍珠产品均作为工艺首饰品出售，而我国的淡水珍珠只有直径9毫米以上的才能制作珍珠主流产品。因此，我国珍珠产量虽然占世界珍珠产量的95%，但销售额只占世界珍珠销售额的8%。

从市场表现可以看出，高档、大尺寸、正圆形的淡水珍珠很有前途并极具有市场价格竞争力。就直径而言，随着养殖年限的不断延长，淡水珍珠越来越合乎首饰用珠、高档工艺珠的要求。8～11毫米的珍珠已逐步成为淡水珍珠产品的主流，12毫米以上的珍珠仍然很少，而且一时也难以达到首饰用珠的关于“圆度、光泽”等要求的质量指标。另外，在现有主流产品的尺寸内不可能将很多不规则的珍珠作为异形开发特种工艺品，因此，淡水珍珠的价格低迷也是自然。

不过，直径6毫米以内的圆形淡水珍珠，在国际市场仍然十分抢手。因此，在常规淡水无核珍珠中，圆度是影响珍珠价格的重要因素。

总之，珍珠是一种古老的国际性商品，始终有其稳固的市场，哪个水体能够培育出优质高产的淡水珍珠，哪个水体就可获得高效益！

⊙ 淡水养殖珍珠配钻石项链及耳坠

国产淡水珍珠的养殖面积和产量

我国淡水珍珠的产量已居世界首位，其产量波动直接影响国际市场行情。目前，国内淡水常规珍珠（无核珠）经过20世纪90年代的多次大起大落后，产量仍在增加。由于占全国总产量90%的浙江珍珠业持续向周边省市拓展淡水珍珠培育区域，所以至今无法确切统计到养殖面积等具体数据。

自20世纪70年代淡水育珠业在大陆兴起，重点产区开始蔓延蚌病。淡水育珠业从一个地区转向另一个地区的同时，蚌病接踵而至，珍珠产业成了高效但极不稳定的产业。直到20世纪80年代，珍珠出口放开后，由于众多原因珍珠价格大涨，极大地刺激了部分农民的致富心理，珠贝养殖面积得到空前的发展。但不科学的养殖管

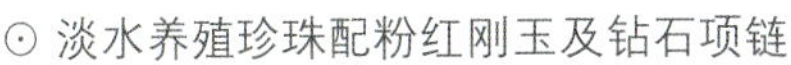

⊙ 淡水养殖珍珠配粉红刚玉及钻石项链

理和手术操作不仅导致了粗制滥造，也埋下了蚌病暴发的祸根。珍珠产量虽然大幅上升，但价格却持续下跌，再加上蚌病泛滥，20世纪90年代初的淡水珍珠养殖业雪上加霜，1995～1997年一度陷入困境。

1997年以后，大农业受到经济冲击，水、陆养殖业均出现迷茫。此时，遭受双重打击的养殖淡水珍珠，产量已明显减少，库存货物逐渐售空，珍珠价格开始稳步回升。育珠产业效益比之于其他农业项目，又显出其强大的后劲。1999年以后，育珠产业出现全面复苏，并几近火爆。

这一发展趋势，除了受市场因素刺激外，还要感谢蚌贝疾病防治技术的提高。“蚌病群体控制技术”已在全国推广应用，其成果使广大育珠农户普遍意识到蚌病的客观性和可控性。养蚌育珠已成为一些地区的稳定产业。

⊙ 三层淡水多彩珍珠项链

⊙ 淡水珍珠项链

此项链为多排米粒形淡水珍珠穿制而成，扣环设计成龙头形，别致生动。

初步估计，目前全国育珠面积已超过85万亩，年接种珠贝5亿～8亿只，由于粗放式管理、广种薄收式经营，年产商品珠贝只有约0.8亿～1.0亿只。还有大量的珠贝由于病害威胁无法等到应有的珍珠规格和产量时即已杀蚌取珠。另外，育珠手术的粗制滥造和不科学的养殖管理，也使珍珠质量无法提高。所以收获的珍珠中绝大多数是低档珠。

国产淡水珍珠的现状及发展

从产量上看，近年来我国淡水珍珠每年的产量可达千余吨，但真正能作为高档工艺珍珠的不足1%，所以大量低值珍珠贱卖也不足为奇。收购、囤积不是解决低档珠出路的根本方法，以化妆品、保健品、医药品为主导的珍珠产品未见突破性发展。低档珍珠消耗量虽不断增长，但仍未达到产、销平衡。主要原因是目前低档珍珠的价格仍然超出上述产品对珍珠粉、珍珠液原料的期望值，导致这些产品中真正的珍珠原料使用很少。大量“珍珠粉”是由贝壳内层的珍珠层制成，这一现象很大程度上阻碍了低值珍珠的去路。

·弘扬淡水珍珠的特色，提高珍珠产品附加值·

目前，大直径、高档的淡水珍珠多经过漂白处理，这是受海水珍珠影响而产生的一种模仿。淡水珍珠应树立自己的形象，用斑斓的色彩，显示与海水珍珠的区别。事实上，金色、天然橙色、粉红色等都和白色一样流行于国际珠宝市场。

因此，要尽可能培育大直径的淡水珍珠，并保持原色，提升淡水珍珠首饰、工艺品的加工工艺水平，提高珍珠产品的附加值。

⊙ 淡水珍珠项链

此条项链选择天然橙色淡水珍珠穿制而成，珍珠珠体圆润，色泽清丽，尤其配以可拆卸蝴蝶结更显青春俏丽。

⊙ 淡水珍珠项链

此项链使用的淡水珍珠形状各具特色，虽然每颗珍珠都不完美，但其他彩色不规则晶体的混搭，平添了这条项链的灵动、清新之感。

我国珠宝首饰业设计能力相对薄弱，首饰款式多从港、台照搬而来，没有大的突破。我国的出口珍珠主要是原料珍珠，售卖的珍珠产品也仅仅处于工艺品阶段，尚未成为真正的珠宝首饰。珍珠加工产业化程度不高，以家庭为单位的小作坊较多，即使一些生产珍珠的大企业，也基本停留在串坠制链的粗加工层次上。很多珍珠养殖企业也没有意识到深加工的必要性和紧迫性。缺少较有实力的品牌，竞争力不够强，缺乏特色。

同时，常规无核珠的产量应有所限制；达不到养殖年限的，除非病害导致死亡难以控制时才可以杀蚌取珠；把一部分生产转移到扣形珠等多种特色珍珠上去。逐年优选，将优质珠贝养殖至7～8年，培育大尺寸珍珠。要在无核珍珠质量上继续提高，并开发有核正圆珠、荧光珍珠、特殊造型工艺珠等。

另外，在市场营销方面，原料珠收购和珍珠产品销售都要打破垄断。积极拓展海外市场的同时，也要努力培育国内市场。限制那些低档珍珠首饰、工艺品流入市场，引导消费，树立淡水珍珠良好的品质形象。

·发展淡水育珠产业化的新途径·

针对当前我国珍珠产量高、价值低的特点，首先应该把握世界珍珠市场需求动向，严格控制低档珍珠产量，发展大直径正圆珠、有核珠和特殊造型工艺珠。分解养殖各个环节，强化分工协作，提高专业化水平。深化加工，开拓创新，从设计、加工到宣传和销售都要积极寻找适合淡水珍珠的新路子。以行业协会和龙头企业为主体，带动广大养殖户，分解育珠生产环节，形成产业小链，从而形成珍珠产业化格局。

目前，淡水珍珠养殖生产状况混乱，各环节没有专业分工。显然还处于初级阶段。为此，长远来看必须按育珠生产特点进行如下分工。

1.育珠贝优良品种繁育场；

2.幼蚌培育基地；

3.人工育珠手术工厂；

4.育珠贝养殖；

5.取珠并直接销售给加工企业或将珠贝销售给珍珠商贩。

在这个生产过程的各个环节中，第1、2、3环节技术要求较难，应由专业生产企业操作。第4个环节可以由广大养殖户承担，从而极大地降低生产风险，质量也更有保障。特别是淡水有核珠生产，工艺

要求更严，所以一定要由珍珠行业协会进行分工协作，统一完成各个生产环节。珍珠行业协会的作用是毋庸置疑的，通过该协会可以制订行业行规，协调与政府间的关系，帮助广大养殖户进行技术培训、生产布局、市场预测和产量控制等。

首先，珍珠行业协会不应受到行政区域的限制，主要应考虑到产业发展和地理环境的共性。其次，应从种质资源抓起，加强蚌贝品种的选育工作。再次，要从操作工队伍管理入手，积极推广手术新工艺和系统化消毒技术。通过政府、行业协会等途径宣传、培训，提高蚌贝育珠业主的科技意识。推广普及科学的养蚌育珠技术理论和知识。推广应用蚌病群体控制技术，提高蚌贝育珠业的整体成活率。

⊙ 淡水染色珍珠项链

珍珠的市场前景及潜力

在珍珠的颜色上，通常有白、金、黑三色。业内专家表示，金色珍珠原本是最便宜的品类，但近年来由于其在国内市场备受追捧，导致市场价格一路飙升，成为三色中最贵的品类。

虽然珍珠会不断生长，但其生长周期越长出现的风险越大，因此直径8毫米以上的单颗珍珠的价格涨幅更大。以直径15毫米的珍珠为例，质量好的白色珍珠和黑色珍珠，其价格均在万元以上，而金色珍珠的价格则要翻番。

⊙ 珍珠胸针兼吊坠

此饰品同时使用天然大溪地黑色珍珠、南洋白色珍珠和金色珍珠塑造“山茶花形”，不论作为胸针还是作为吊坠都显示出其美丽大方的设计。

⊙ 金珠首饰套装

·珍珠的市场前景·

珍珠价格上涨的最根本原因，是受早几年世界金融危机的影响，珍珠的出口量锐减，价格暴跌。而且自2008年以来人民币兑美元汇率一路走高，很多珍珠养殖户亏损严重，退出了珍珠养殖业。2013年时，市场上的珍珠供应明显紧张，价格自然上涨。到2015年3月，珍珠价格的涨幅已经非常明显，特别是在香港珠宝展上，很多品种的价格已经翻番。在此，仅以金珠为例，谈谈珍珠的未来发展前景。

·金色珍珠的产地·

金色珍珠是一种海水养殖珠，是白色南洋珍珠的兄弟。金色珍珠产自白唇贝（White Lipped）或金唇贝（Gold Lipped）中，这两种蚌贝主要分布在缅甸、巴布亚新几内亚、印度、日本、菲律宾、印度尼西亚、澳大利亚、中国、泰国等地。因其体积巨大，故可养殖出

⊙ 南洋金珠吊坠

⊙南洋金珠钥匙形吊坠

9～16毫米的白色或金色南洋珍珠，因金色珍珠的产量极少，所以价格昂贵。

缅甸养殖白色南洋珍珠大约已有50年的历史，在生产白色珍珠的同时也生产少量金色珍珠。据报道，缅甸约在15年前就已经能生产出品质最佳的金色珍珠，但为了满足珠宝市场对白色珍珠的需求，便停止养殖金色珍珠，转为生产白色南洋珍珠。

马来西亚也曾经生产出品质最佳的金色珍珠，但现在也已经停产。日本金色珍珠产于阿玛米岛周围的冲绳区，冲绳区本是养殖海水珍珠的场地，所产金色珍珠颇具特色，略呈铜绿色。

澳大利亚是养殖白色南洋珍珠的后起之秀，目前已成为世界上白色珍珠产量最大、收益最丰厚的国家。澳大利亚也生产金色珍珠，该地出产的金色珍珠颜色自淡黄色至金黄色不等。

我国海南地区不仅有马氏贝可养殖海水珍珠，而且有白唇贝、黑唇贝，养殖白色、黑色南洋珍珠，从而为生产金色珍珠提供了基本条件。

金色珍珠目前虽然在缅甸、马来西亚、日本、中国、澳大利亚等有生产，但是产量都少，而且一般情况下金色珍珠与白色南洋珍珠共生或伴生一起，只有印度尼西亚是世界上唯一独立养殖金色珍珠的国家。

·金色珍珠的价格及市场前景·

1993年前，香港珠宝市场上金色珍珠的价格比较低廉，涨幅平稳。比较优质的小颗粒金色珍珠为9～14毫米，每颗价格300～800美元，每克130～200美元。现在金色珍珠的价格已上涨到每克400～600美元。如果是较大颗的圆形金色珍珠——直径在15毫米以上，由于这种优质金色珍珠过于稀少，则很难提出一个标准的市场价格。

1994年，印度尼西亚遭受强烈地震与海啸的袭击，造成白色珍珠及金色珍珠的产量大幅度下降，金色珍珠供应量严重不足，导致珍珠批发商——特别是消费者难以买到金色珍珠。物以稀为贵，于是在1993～1996年的四年中，金色珍珠的价格暴涨300%。

⊙ 金珠首饰套装

此套首饰中的项链由29颗直径在13.7～16.3毫米的金色珍珠穿制而成，耳钉所镶金色珍珠的直径约14毫米。两件首饰选用的珍珠颜色金黄亮丽，尺寸较大，在2014年拍卖会上以9.6万元人民币拍出。

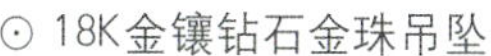

⊙ 18K金镶钻石金珠吊坠

此吊坠镶嵌一颗天然海水金色珍珠，珠体圆润，色泽柔和。在2014年迎春艺术品精品拍卖会上拍出了5.04万元的高价。

由于优质金色珍珠的价格昂贵，以致只有极少数消费者买得起，绝大多数消费者只能望尘莫及，因此，金色珍珠市场的扩大与增长自然会受到限制。

另外，金色珍珠养殖难度大，生产数量极少，能提供利用的金色珍珠更是寥寥无几。从众多珍珠中挑选一串优质的金色珍珠项链，真是困难万分。印度尼西亚生产的主要为黄色与金色珍珠，其产量仅占白色南洋珍珠总量的4%至8%。目前世界珍珠市场上的南洋珍珠年产量为2250千克，而金色珍珠的理论产量仅100千克。由此可以预料，金色珍珠的价格将继续上扬。

·珍珠市场的潜力·

我国是全球最重要、最活跃的珠宝消费市场之一，许多珠宝产品的消费都居世界前列。尤其近年来，我国珠宝产业销售总额以年增长率高于20%的速度发展，出口年增长率超过25%，2010年我国珠宝首饰产业年销售总额2700多亿元，出口额达到960亿元。

⊙ 天然珍珠项链

作为我国传统产业的珍珠业，目前在我国珠宝产业中所占的比例还比较低。据统计，2010年我国珍珠市场销售总额为40亿元。但是，珍珠市场的前景十分广阔，潜力巨大，这主要是由以下几个方面因素决定的。

1.居民消费能力增强，市场空间巨大。

我国有13亿人口，人们的收入越来越高，购买能力持续增强。珍珠饰品传统的忠实消费群体是三四十岁的成熟女性，她们的消费对象主要是中高端珍珠。但是，据有关调查显示，目前这个年龄段的女性中，仅有不到10%的人拥有珍珠首饰，这意味着，我国的珍珠市场有着非常大的上升空间。一旦这部分市场被充分挖掘出来，市场容量尤其是中高端珍珠的需求将成倍增长。此外，我们发现，越来越多的年轻女性正加入购买珍珠饰品的队伍中，这是不容小觑的一批购买者。

2.珍珠企业开始注重国内市场开发。

我国的珍珠企业多年来以出口为主，不注意国内市场开发，不注意消费者的培育，商家基本依赖消费者对珍珠的传统感情基础和市场的自然销售轨迹减少库存。现在，在其他珠宝类产品强有力的营销策略取得巨大市场成功的启发下，许多商家凭借着敏锐的市场嗅觉，已经将目光转向国内珍珠市场，因为相对于其他珠宝产品而言，珍珠市场还是一个尚未完全开垦的领域。目前，珍珠销售网点相对于其他珠宝产品来说稍显不足，这是制约潜在市场转为现实市场的重要原因之一。现在，已经有很多商家正在增加店面或者营业面积，行业内也正

⊙ 天然珍珠配钻石多层项链

在整合资源，加强珍珠饰品的推广工作。加上近年来互联网的迅猛发展，线上和线下相结合，更有利于珍珠产品的推广。

3.珍珠标准样品即将出台，消费者利益得到保证。

即将出台的珍珠标准样品，对珍珠的尺寸、光泽度、圆润度等各方面的品质均做出了细致的规定，从而为我国珍珠产品的质量提供了更加安全的保证，有利于增强消费者的信心。研制珍珠标准样品还有利于我国珍珠产品升级，提高珍珠产品质量，有利于与国际间珍珠产品进行分级对比，提高国内珍珠的经济价值。

4.珍珠文化底蕴深厚，有较好的消费基础。

珍珠是具有典型东方色彩和魅力的珠宝，我国珍珠温婉秀丽、质地细腻、光泽柔和，受到很多消费者的喜爱。珍珠有着丰富而深厚的文化底蕴，在消费者的心目中，珍珠是东方女性美的代表；是高贵、典雅、含蓄、圆满的代名词；是母爱的象征。珍珠特有的文化内涵使得它的适配性极强，在任何场合都能显示佩戴者高贵、典雅的气质。因此，作为民族传统产业的珍珠业，在我国有着深厚的

⊙ 豪华珍珠吊坠

⊙ 豪华珍珠吊坠

18
24

文化消费基础，只要充分挖掘珍珠的传统文化内涵，同时增加其时尚性，保证设计、加工水平，忠实的消费群将会扩大，市场潜力将会得到充分实现。

5.企业设计加工能力提高，优质产品增多，能满足不同层次消费者的需求。

现在我国国内珍珠产品的深加工能力有了极大的提高，产品质量有了较大的飞跃，高档珍珠所占的比例逐渐增大，能满足国内不同层次消费者的需求。这有利于珍珠市场的健康发展和壮大。

随着养殖技术的不断提升，珍珠质量也不断提高。目前，直径6毫米的日本圆形、皮光粉红、接近无瑕的养殖珍珠，一串的价格在1万～1.8万元；直径7毫米的，一串的价格在2万～3万元；直径8～9毫米的，一颗的价格在1.2万～2万元；14毫米的，一颗的价格为2.2万～3.2万元；16毫米的比较稀少，价差比较大，它的光泽是影响价格的最主要因素，一颗在6万～10万元不等。

⊙ 天然珍珠配小珍珠及钻石项链

此项链为多层设计，选用382颗天然珍珠穿制而成，两颗小珍珠夹穿一颗圆形配钻作为每粒大珍珠之间的隔珠，扣环处以铂金镶钻呈花形，整件首饰设计巧妙，工艺精湛。

⊙ 天然珍珠毛衣链

南洋金珠近几年很热门，圆形、光泽好，直径11毫米的，一颗的价格在1万～1.5万元；直径14毫米的，一颗的价格在2.5万～3万元；直径15毫米的，一颗的价格在4万～5万元。

南洋黑珍珠，孔雀绿色，圆形并且表面接近无瑕，直径11毫米的，一颗的价格在1万～1.5万元；直径13～14毫米的，一颗的价格为2万～3万元；直径16毫米及以上的，比较稀有，一颗的价格为6万～12万元不等。

淡水珍珠的价格比较平易近人，不规则形状的一串大约200～400元，圆形、光泽好，直径6毫米的，一串的价格在1200～1500元；直径7～8毫米的，一串的价格在3000～4000元。

⊙ Akoya海水珍珠项链及手链

⊙ 南洋黑珍珠吊坠及戒指

珍珠的淘宝地

我国虽然是盛产珍珠的大国，但是由于珍珠文化推广的欠缺，以至于现在还有非常多的消费者对珍珠的认识比较浅显。能肉眼鉴别出真假珍珠，区分珍珠的不同种类，以及衡量珍珠价值的消费者还非常少。想要购买正品珍珠首饰的消费者可以在以下地点买到正品珍珠首饰。

⊙ 三层淡水多彩珍珠项链

大型商场或者品牌珠宝店

大型商场和珠宝店一般不会出售假冒伪劣产品，而且贵重珠宝首饰一般会附赠珠宝鉴定书、售后保养卡等附加价值服务。但是由于实体店高额的租金、回扣、人工等经营成本原因，导致实体店铺的珠宝零售价格偏高，越来越多的消费者不愿意接受这种性价比不高的珠宝，这也是很多商家转战网络渠道的原因之一。

选择诚信较高的个人网络平台

想要买到高性价比的珍珠首饰，消费者越来越认可网络渠道。在网上购买珍珠首饰有一些独特的优势，比如通过条件搜索可以快速寻找到自己喜欢的产品；偏远地区的购买者也可以享受送货上门服务，如有疑虑还可以选择货到付款的方式先验货再付款。这些人性化的服务是在实体店无法享受到的。在网络上购买珍珠首饰也需要十分慎重，一定要确认商家能提供可以查询的鉴定证书，以及售后保养。

个人卖家

个人卖家比较注重商品的质量和销售服务，但是价格略微偏高。这其中还包括近两年比较流行的网络销售。网络销售真假难辨，见不到实物难免不放心，消费者需要仔细甄别，选择一些靠谱卖家才好。

⊙ 糖果色珍珠项链

⊙ Akoya满天星项链

珍珠尺寸的选择

珍珠的尺寸是影响其价格的要素之一。一般来说，同等质量的珍珠尺寸越大，价格越昂贵。佩戴珍珠应符合佩戴者的年龄和特定的场合。尽管年龄不是选择珍珠尺寸的唯一标准，但是我们还是建议在相应年龄段的珍珠尺寸选择范围内选择适合自己的珍珠饰品。

尺寸	适合人群
小于6.5毫米	按照传统，12～16岁的少女佩戴小型珍珠。对于身材较高的女性，双层或者三层的珍珠项链会比较合适。这种珍珠也适合作为礼物在圣诞节、生日或成人礼的时候赠送
6.5～7.0毫米	这种尺寸的珍珠非常适合20出头的女性佩戴。它是传统的生日、圣诞节和情人节礼物。并且这种珍珠价格实惠，在穿着正装和休闲服饰的时候都可以佩戴
7.0～7.5毫米	这种尺寸是30岁左右的女士最理想的选择。这个尺寸的珍珠做成的珠宝是每周一最佳首饰的选择。由于它实惠的价格和经典的外形，对于初次购买珍珠的消费者来说也是最理想的
7.5～8.0毫米	这个尺寸的珍珠通常是30岁以上的女士佩戴。从这个尺寸开始，之后每大半个尺寸的珍珠其价格就会相应翻一番。这些珍珠完美地搭配事业有成的职业女性，并为正式服装增添优雅和智慧的感觉，它们也能作为婚礼或母亲节的最恰当礼物
8.0～8.5毫米	这是昂贵的大型珍珠，适合35岁以上的女士佩戴。这种尺寸的珍珠适合在正式场合佩戴，也可以在一些特殊的场合作为贵重的礼物赠送
8.5～9.0毫米	这些珍珠可以完美地衬托35～45岁的女士或者一些30多岁的成功女性。这是搭配正式服装的明智之选，它们也可以作为周年纪念、生日或者特殊纪念日的礼物
9.0～9.5毫米	这种尺寸的珍珠一般适合45岁以上的女性佩戴。它们很少是圆形的，你可能在个人收藏品中才能找到这种高档珍珠
9.5～10毫米	市场上几乎找不到这种尺寸的珍珠。它们通常是黑色的大溪地养殖珍珠或者南洋养殖珍珠。这种珍珠具有豪华的感觉，并且价格非常高

淘宝实例辨析

很多朋友外出旅游特别是去沿海城市旅游的时候，都会买一些当地的特产，大多数游人会选择珍珠饰品。珍珠分为淡水珍珠和海水珍珠，海水珍珠容易给我们造成误解——沿海城市都出产珍珠。其实这是一种错误的观念，珍珠的生长对当地的水质和海洋环境有着近乎于苛刻的要求，并不是所有沿海城市都能出产珍珠。

⊙ 黑白珍珠满天星项链

黑与白是永远流行的搭配，将黑色和白色淡水珍珠以满天星款式打造成一条造型简单的项链，时尚而不失稳重。

其中山东的沿海城市就不出产珍珠。但是我们在去山东威海、青岛等沿海城市旅游的时候，经常会在海边看到有商铺售卖珍珠，并且说是当地的特产，这完全是对游人的误导。

⊙ 南洋养殖珍珠耳环

其实这些所谓的“特产珍珠”有些是在其他沿海城市批发到山东的，还有一些是用玻璃做成的假珍珠。这种玻璃仿天然珍珠是在玻璃外面镀上一层珍珠膜仿造的，用坚硬的物品刮一下“珍珠”表面，它们就会现出原形。另外，可以用钳子捏开“珍珠”，玻璃仿品碎裂后呈较大的块状，而天然珍珠则像面包屑，非常容易辨别。

这种玻璃仿造的珍珠价值仅仅十几元，而在海边的旅游景区的价格往往是其成本价格的数倍甚至十几倍，消费者在选购的时候一定要仔细辨别。

⊙ 黑白珍珠满天星项链

zhenzhujiandingyuxuangou

Chapter 4
专家答疑

可以戴着珍珠项链洗澡吗？这样对珍珠有伤害吗？

珍珠的主要矿物成分是霰石（Aragonite）和方解石（Calcite），其中又以霰石居多，而两种矿物成分都是碳酸钙（$CaCO_3$），霰石的比重是2.95，硬度是3.5～4.0，方解石的比重是2.71，硬度是3。当珍珠接触热源或者火源时，往往会逐渐失去水分，物理性质不稳定，霰石转变为方解石，让珍珠逐渐失去原来美好的光泽。洗澡时所用的沐浴露、肥皂等往往都是酸碱性，易腐蚀珍珠表面。另外市面上所有的珍珠镶嵌，都是用胶水黏合镶嵌在里面的，遇热水融化，导致珍珠黏合不稳，易脱落。

⊙ 大溪地黑珍珠耳坠

⊙ 珍珠手串

珍珠可以用火烧的方法辨别真伪吗？

俗话说“真金不怕火炼”，那么，可以用火烧的方法辨别珍珠的真伪吗？

曾经做过一次实验，结果都以悲剧收场！被烧过的珍珠发黑的发黑，破碎的破碎。实验得出的结论如下：

1.火烧珍珠1～2秒，珍珠无明显发黑，无异味。

2.火烧珍珠3～5秒，珍珠无异味，表面明显发黑，用手基本可以擦拭干净。

3.火烧珍珠15秒，珍珠散发出异味，烧过的地方出现黄色和黑色，用硬物轻刮表面，珍珠层出现碎裂，并脱落。

事实证明，火烧珍珠鉴别其真伪的方法并不靠谱，用火烧超过5秒钟以上，珍珠便无法复原了。建议使用严谨的方法辨别珍珠的真伪，比如摩擦法，两颗真珍珠间摩擦会有磨砂感，稍用力可以磨出珍珠粉，而假珍珠在摩擦时是打滑的，也无法磨出珍珠粉。另外，珍珠项链还可以通过看珠孔辨别珍珠的真伪，真的珍珠项链珠孔平整，不会特别大，而假珍珠的珠孔往往可以看到外翻、褶皱的塑料外壳。

⊙ 双层浅黄色淡水珍珠项链

淡水珍珠好还是海水珍珠好？

淡水珍珠和海水珍珠哪种好？哪种更有投资、收藏价值？很多时候消费者只是听商家的一面之词。实际上，如果消费者想购买珍珠产品，首先要对淡水珍珠和海水珍珠有一定的了解，经过客观的比较才能选择自己最喜欢的珍珠产品作为饰品或投资、收藏品。

那么，什么样的珍珠才是有价值的呢？简单来说，能满足是真品、品质好、上档次几个条件即可，而要说到评判珍珠的价值，就要对客观价值因素和主观价值因素衡量后才能下结论。

客观性价值因素

第一，看形状。目前淡水珍珠多为无核养殖，形状不好不规整，大部分为扁圆形、米形、异形等，少数接近圆形，极少数能达到正圆形。近圆形与正圆形的淡水珍珠价值颇高。海水珍珠属于有核养殖，大多数为圆行，出现正圆形珍珠的概率相对较高。因此，海水珍珠在形状上更胜一筹。

第二，看光泽。常见的海水珍珠有四个品种——Akoya海水珍珠、大溪地黑色珍珠、南洋白色珍珠、南洋金色珍珠，品种之间没有绝对的优劣之分。海水珍珠的光泽相对淡水珍珠来说更鲜艳、锐利，而淡水珍珠的光泽比较柔和温婉，却也不乏极品。

第三，看表皮的瑕疵多少。海水珍珠和淡水珍珠表皮上的瑕疵都是自然生长的，无法通过人工打磨去除。近距离观察时，表皮完全无瑕的珍珠少之又少，每一粒无瑕、圆润、光泽好的珍珠，可以说是万里挑一，因此坊间也有“无瑕不成珠”一说。因此，表皮瑕疵越少的珍珠价值越高，这一点无关乎海水珍珠和淡水珍珠。

主观性价值因素

评判珍珠价值的主观因素只涉及珍珠的尺寸大小，珍珠的质量与其尺寸没有直接关系，并不是尺寸越大的质量越好。物以稀为贵，尺寸越大的珍珠产量越少，价值也就越高。

不同品种的珍珠其最大尺寸也存在着差别。普通淡水珍珠的直径一半在6～11毫米；爱迪生淡水珍珠的直径可达12～16毫米。Akoya海水珍珠的直径比较小，一般只有4～10毫米；大溪地黑色珍珠和南洋珍珠的尺寸最大，直径一般在9～16毫米。由于不同品种珍珠的尺寸差异，也限制了制作的款式，如Akoya海水珍珠很少用作单颗的吊坠，大溪地珍珠和南洋珍珠做成项链的价值很高。相比之下，淡水珍珠因产量丰富，所以选择范围更广，大多会制成整串的珍珠项链。

综合以上因素可以得出这样的结论，如果单纯从价值上看，南洋的价值最高，其次是大溪地珍珠；如果考虑佩戴需要，则要结合自己的年龄、身材，对珍珠的颜色、尺寸等方面的喜好来判定，只有适合自己的才是最好的。

⊙ Akoya珍珠吊坠

⊙ 大溪地黑珍珠吊坠

此吊坠镶嵌直径达15.4毫米的大溪地黑色珍珠，珠体圆润，珠光强，搭配线条细腻的18K白金坠托，相映成辉。

哪里出产的珍珠最好？

衡量不同产地珍珠的质量，要先了解不同品种珍珠主要产地。

大溪地珍珠

大溪地珍珠主要产于法属波利尼西亚一带，这里产出全球95%的黑色珍珠。大溪地黑色珍珠的直径一般在9～16毫米，色泽一般为透绿、透蓝、银灰等独特的色泽，每100只获殖珠核的黑蝶贝，大概有50只能成功养殖出珍珠，且每只母贝只能培育1颗珍珠，这其中只有5颗珍珠能接近完美。优质的黑色珍珠年产量不过15万颗，其中40%会通过拍卖出售，所以大溪地珍珠非常珍贵稀有。

南洋珍珠

南洋珍珠主要产于澳大利亚、菲律宾、马来西亚等南太平洋一带海域。南洋珍珠分为南洋白色珍珠和南洋金色珍珠。珍珠的直径一般为10～15毫米，甚至能达到20毫米。产出的南洋珍珠无须经过任何加工，硕大圆润，浑然天成，具有品质稳定的特性，无论从珍贵度还是价格上都堪称“珍珠皇后”，是广大女性梦寐以求的珍品。

Akoya珍珠

Akoya珍珠主要产于日本三重、雄本、爱媛县一带的濑户内海，以及我国南海、广西合浦、广东湛江、北海以及北部湾一带。Akoya珍珠均由马氏贝产出，一般直径在5～9毫米之间，色泽主要有白色和金色，虽然个头小，但是摄人心魄的光泽还是让人眼前一亮。

淡水珍珠

世界上95%的淡水珍珠产于我国，江苏、浙江一带是我国淡水珍珠的主要产地。淡水珍珠的直径一般在5～11毫米，有的可以达到17毫米，但是非常稀少，也因此十分珍贵。淡水珍珠的颜色主要有白色、橘色、紫色、粉色等。淡水珍珠虽然没有海水珍珠的圆度那么

⊙ Akoya珍珠项链

高，但因其性价比高，尺寸规格、颜色形状等选择较多，也得到了广大消费者的青睐。

总体来说，每个品种的珍珠都有极品，从产地来看，大溪地黑色珍珠和南洋珍珠的价值最高，其次是日本的Akoya海水珍珠，最实惠的是我国的淡水珍珠。

最后给大家一点建议，从佩戴的角度考虑，如选择吊坠耳坠，且喜欢较大珍珠的可以考虑大溪地黑色珍珠、南洋珍珠或者淡水珍珠；如果喜欢精致、亮泽、圆润的小珠，Akoya

⊙ 南洋白珠项链

此项链选用直径在15～17.1毫米的29颗南洋白色珍珠穿制而成，珍珠颗颗硕大饱满，完美无瑕，白净和润，配以18K金镶嵌钻石扣，低调奢华。

海水珍珠是首选；如果日常佩戴考虑实惠的珍珠项链，淡水珍珠则是首选；如考虑投资、收藏，那么尺寸越大、数量越稀少的珍珠是最佳选择，直径超过13毫米的大溪地珍珠和南洋珍珠更具有收藏价值。

⊙ 淡水珍珠满天星项链

⊙ 南洋金珠戒指

此戒指镶嵌的南洋金珠珠粒圆度较高，形制饱满，配以K金戒托，造型独特，朝气蓬勃。

如何鉴别南洋金珠的品质?

金色是南洋珍珠独有的颜色，被誉为珍珠中的皇后，主要产于澳大利亚、菲律宾、马来西亚等地，对其品质的衡量需要从以下几个方面入手。

圆度

我国自古以来就有“珠圆玉润”的说法，古时候人们把天然、正圆形的珍珠称为走盘珠，将圆润、饱满的珍珠视为珍宝。因此，可以通过圆度判断南洋金珠品质的优劣。精圆且饱满的金珠价值最高，其次是近圆形、椭圆形、水滴形，最后是不规则的异形珠。

光泽

光泽是珍珠的灵魂，品质好的南洋金珠，可以清晰地映出人像。因此鉴别金珠品质好坏，要看其是否“珠光宝气”。

净度

南洋金珠表皮的瑕疵越少，价值越高。一颗正圆、强光、无瑕的金珠，几乎是万里挑一的，大部分金珠总有一点点天然印记，其中又以极微瑕和无瑕为高档品。

尺寸

南洋金珠的直径一般至少在9毫米左右，每长大1毫米，其相应产量会减少一半，尺寸越大的南洋金珠越难得，价值越高。一般来说，直径在9～12毫米的最为常见，12～15毫米的金珠属于贵重级大珍珠尺寸，达到15毫米以上的南洋金珠，属于珍稀级别。

因此，通过对南洋金珠圆度、光泽、净度和尺寸的对比，货比三家，避免被一些夸大描述的商家欺骗，才能选到货真价实的高品质南洋金珠。

什么样的珍珠具有收藏、投资价值？

珍珠虽然有很多种类，但具有市场价值的珍珠集中于几个特别的种类。在这里我们介绍三种最具收藏价值的海水珍珠品种。

从收藏的角度来看，珍珠与黄金不一样，并没有一个国际性标准的价格。珍珠的收藏价值，在于珍珠的种类、大小、形状、光泽、珠层厚度、光洁度等。

中国海水珍珠

我国海水珍珠就是我国南珠，具有两千多年的历史。从我国封建王朝开始，就一直被列为皇帝以及宫内妃嫔的“贡品”。现在的中国海水珍珠已经被世界各国所接受，成为国外备受青睐的珍品，是中华民族的瑰宝。英国女皇皇冠上那颗拇指大的璀璨珍珠就是广西北部湾沿海产的正宗南珠。

南洋珍珠

南洋珍珠主要产于澳大利亚一带的海域，是世界少数受污染极少的海域之一，南洋珍珠也是世界上最大型最珍稀的珍珠种类，最大的可以达到直径17毫米左右，南洋珍珠主要有白色跟金色两种天然颜色，从珍稀的收藏角度来讲，金色更具有收藏价值。

⊙ 南洋白珠吊坠

⊙ 南洋白珠首饰套装

⊙ 18K金镶嵌大溪地黑珍珠及彩色宝石首饰套装

此套首饰选用的大溪地黑色珍珠浑圆璀璨，戒指主珠直径为16毫米，耳坠主珠直径为13毫米，皆配以优质蓝色磷灰石和钻石，优雅风尚，高贵典雅。

大溪地黑珍珠

大溪地黑珍珠本身是由一种珍贵的黑蝶贝（一种只生长于天然、无污染的波利尼西亚水域的稀有蚌类）培育出来，其不同程度的灰色中带有幻彩颜色，为它增添了几分神秘感以及诱惑力。有消息指出，由于大溪地黑珍珠对于生长要求非常苛刻，所以优质的黑珍珠年产量不超过15万颗。

以上每一种珍珠都有其独特的收藏价值，我国一直以来就有“七分珠，八分宝”的说法，当珍珠的直径达到9毫米以上，已经是宝物级别了，所以，珍珠的尺寸与其价值有着很大的关系。

珍珠有什么特殊的意义？

“诞生石”的说法起源于古代以色列。16世纪中期，欧洲的教会人员把全年12个月份分别配以不同的宝石，作为个人出生的幸运石，这块宝石便被称为“诞生石”。珍珠被定为6月的诞生石，以及结婚30周年的纪念宝石，并且被誉为“珠宝皇后”。

可谓珍珠在珠宝界有着无可厚非的地位。珍珠是生灵孕育的有机宝石，作为6月的诞生石，它象征着健康长寿、幸福富贵，也象征着珍贵、珍惜、珍爱。珍珠在我国的历史非常悠久，可以说珍珠贯穿了我国几千年文明的发展历史。古人认为珍珠能增强记忆力、平抚心智、镇惊安神、冥想开悟等，视珍珠为生命中的一部分，并时刻佩戴在身。如今，珍珠是女性优雅、自然、魅力的代名词，珍珠能赋予佩

⊙ Akoya珍珠耳钉

极品Akoya海水珍珠，银白透玫瑰粉光晕，强光正圆，18K金镶钻石及粉色蓝宝石，花朵造型时尚高雅。

⊙ 南洋白珠配镶钻石吊坠

此吊坠中心的白色南洋珍珠如花蕊般被钻石包裹，集宠爱与优雅于一身。

戴者灵性优雅的珍珠气质。特别是6月份出生的人，更适合佩戴6月诞生石——珍珠，它是其一生中最美好幸运之守护宝石。

作为6月诞生石的珍珠，承载着人们各种美好幸福的愿望，是吉祥的诞生守护石。如果您在6月份出生，不可缺少一件6月诞生宝石。如果你身边的家人、朋友在6月出生，选一份珍珠礼物送给他再合适不过了，相信珍珠会给你们带来幸运。

⊙ 养殖珍珠配钻石首饰套装

此套首饰中项链由60颗养殖珍珠穿制而成，珍珠直径在12.5～16毫米；耳坠所镶养殖珍珠的直径在14毫米左右。所有珠粒形制浑圆，珠光强烈，配以18K金及钻石，满是珠光宝气。

贝珠和珍珠有什么区别?

随着珍珠市场的火爆，近年来，市面上还出现了一种叫作贝珠的珠子。因为这种珠子价格低廉，形状跟珍珠相似，因此也受到部分消费者的追捧。到底这种贝珠与珍珠有什么区别？怎么区分贝珠和珍珠呢?

首先，我们需要了解一下什么是贝珠。

贝珠，又称贝壳珠，其实就是一种仿制的假珍珠。它不是珠宝，没有珠宝等级，只是一种工艺品。

现在市面上的贝珠分为两种。一种是贝壳粉挤压滚制而成，因为是人工制作，比天然珍珠更容易成型。另一种是使用天然的海水贝壳打磨抛光而成。贝珠的颜色丰富，可以根据需要在贝珠的表皮外层电镀所需的颜色，包括有常见的银白色、金色、孔雀绿、孔雀蓝、乌黑等。

⊙ 金褐色贝珠项链

⊙黑色贝珠手串

珍珠是一种古老的有机宝石，主要产在珍珠贝类和珠母贝类软体动物体内。珍珠的形成是由于珍珠母贝的外套膜受到异物的刺激，受到刺激的表皮细胞以异物为核，陷入到外套膜的结缔组织中，然后外套膜的表皮细胞形成珍珠囊，珍珠囊细胞分泌珍珠质，一层一层地把核包裹起来就形成了珍珠。

现在市面上比较常见的珍珠主要有淡水珍珠、Akoya海水珍珠、大溪地珍珠和南洋珍珠四大品类。

对贝珠与珍珠有所了解之后，我们就可以根据它们的一些特质来区分贝珠和珍珠。

重量

因为贝珠和珍珠的密度不一样，贝珠的密度要小于珍珠。同样大小的贝珠与珍珠相比，贝珠的重量要比珍珠轻许多。

色泽

贝珠的颜色是电镀而成的，所以贝珠的颜色给人的感受很假，有种不自然的感觉，色泽会比较的凝重、呆滞。天然珍珠的颜色会比较透亮，带金属光泽等伴色。

光泽

贝珠的光泽是死的，不会像真正的珍珠那样变化莫测。它发出的光线都是呈平行的条纹状的，无论从哪个角度去看，都是如此。真正的珍珠，色泽非常自然、圆润。它的光泽是从内部发出来的，看起来晶莹剔透。仔细观察它的表面，我们会发现它的光泽是分层次的，有的时候会有环纹。

尺寸

贝珠是人工制成，比天然珍珠更容易成型，所以当仔细观察一串珍珠项链时，会发现每一颗贝珠的大小都会非常一致。而珍珠是天然而成的，形状不好控制，因此世界上没有两颗大小完全一致的珍珠。每一颗珍珠都会有细微的偏差。

外观

贝珠是经过人工打磨制成的，所以外观瑕疵比较少。天然珍珠并不是都很完美，大多都会有一些瑕疵，仔细观察就能辨别出来。重点是，贝珠不耐磨，表皮很容易被划花，贝珠戴久了会掉皮，失去贝珠原有的光泽。而天然珍珠是由一层层的珍珠层包裹而成的，刮伤后用手抹一下就一点痕迹都没有了，恢复珍珠原有的样子。

贝珠和珍珠区别主要就有以上五个方面。总的来说，贝珠是一种假的仿制珍珠，可以当作一般的饰品佩戴，但它没有珍珠高档，密度比珍珠小，光泽也没有珍珠好，且容易失去光泽。如果硬要说贝珠有什么优势的话，那就是贝珠价格比较便宜。

⊙ 玫瑰花隔珠珍珠手串

⊙ 白色贝珠手串

什么是马贝珍珠?

一直风靡欧美市场的马贝珍珠不仅仅是时尚女星们的最爱，有着各式各样独特外形的马贝珍珠也赢得了很多男士的青睐，那么，到底什么是马贝珍珠?

马贝珍珠是一种半边珍珠，也称Mabe珠、馒头珠、半圆珠和马贝珠。“Mabe”一词来源于日本，在人工菜苗技术成功养殖母贝之前，马贝珠的母贝的生存数量非常少。因为其罕见的美和稀有性，因此也有人称之为“梦幻珍珠”。马贝珍珠供不应求，TASAKI更成立了一个专属的珍珠养殖基地，日以继夜地投入到珍珠养殖的研究中。1970年TASAKI在世界上首次完成了马贝珍珠的成功养殖，马贝珍珠一跃成为日本新的美的象征。

马贝珍珠组成成分和一般的海水珍珠一样，但是其形成过程不同。马贝珍珠实质上是一种再生珍珠，一般是在采集完已养殖好的珍珠后，在马贝的贝内侧直接插入半圆形珍珠核，半圆形的珠核被贴置

于珍珠母贝的内壁，珍珠层将外珠核一层一层地包起来形成半圆形。培养马贝珍珠是在珍珠贝生命的最后阶段，在此之前，每个珍珠贝可先生产两粒圆形珍珠，而后可再养殖3～7粒马贝珍珠。

马贝珍珠形若半月，每一颗都非常硕大，一般直径都在10～20毫米。尤其是来自澳大利亚的南洋Mabe珍珠，产量和质量都很高，其特点是颗粒大、具有鲜艳且精致的彩虹光泽、纯净的银白色以及光滑的表面。通过改变心形和水滴（泪珠）形等核的形状更可以培育出各种各样形状的马贝珍珠，以满足消费者的不同需求。马贝珍珠的特征是底部贴在平滑的珍珠贝内表壳，背面是平的，所以佩戴到身上会感觉很舒适。

目前市面上比较常见的马贝珍珠主要是耳钉、戒指、吊坠。大颗的马贝珍珠高雅富贵，适合制作耳钉和戒指，水滴型珍珠适合做吊坠。

用马贝珍珠设计的珍珠首饰非常的独特而优雅，对于已经觉得球形珍珠太普通、式样陈旧的新潮一族来说，独特的半边珍珠不失为一种明智的选择。

⊙ 马贝珍珠耳钉

天然珍珠和养殖珍珠有什么区别?

经常在选择珍珠的时候看到标牌上标明的“天然珍珠”“养殖珍珠”等词语，很多消费者疑惑，天然珍珠和养殖珍珠有什么区别呢？而养殖，就是经过人工干预的，这两种珍珠有一定的区别。

天然珍珠

所谓“天然”就是与生俱来的、自然形成的。在以往的概念中，并没有养殖珍珠的存在。珍珠贝在进食的时候，会把贝壳微微张开，这时，水中的一些异物，如沙砾、树枝、寄生虫等，会趁机和食物一同进入蚌贝体内，有时会落入蚌贝外套膜组织中，对外套膜产生一定刺激，这种刺激对蚌贝本身是有害无益的。所以，蚌贝为了保护自

⊙ 天然珍珠耳坠

⊙ 天然珍珠配小珍珠及钻石耳环

两颗颜色不同的水滴形天然珍珠分别装饰在两只耳环上，搭配多彩的小珍珠和钻石，俏丽多姿。

己，会分泌出一种特殊的物质——珍珠质。这些珍珠质会一层一层地将刺激物包裹起来，最终形成不太规则的圆球形，这就是未经人工加工过的天然珍珠。距今一万年前到17～18世纪这段时间是人类最初的采珠期，由于这种异物进入贝体的概率非常少，可能打开好几万个珍珠贝才能采到几颗珍珠，那时，只有位高权重的人士才能够佩戴珍珠。

⊙ 养殖彩色珍珠配钻石首饰套装

养殖珍珠

实际上，我国是世界上最早开始养殖珍珠的国家。宋代庞元在其著作《文昌杂录》中记载了最原始的珍珠养殖方法，宋代佛像珠也证明了这一史实，只是当时并没有很好地流传下来。直到1888年日本养珠之父研究成功养殖珍珠，建立了世界上第一个珍珠养殖场，开创人类养殖珍珠的历史阶段。养殖珍珠，就是经过人工干预，将异物植入珍珠贝，刺激分泌珍珠质而形成珍珠。其实并不是养殖珍珠本身，而是养殖珍珠贝，其珍珠仍然是珍珠贝体的自然分泌物。简单地理解，就是野生鸡生的鸡

⊙ 养殖珍珠配钻石及蓝宝石胸针

蛋，与人工养鸡生的鸡蛋一样，本质上并没有太大的区别，所以养殖珍珠也是真正的珍珠。

天然珍珠通常形状不规整、质地粗糙、光泽欠佳，目前处于有价无市的窘境；养殖珍珠的形状、品质更好控制，形状正圆、光泽强，瑕疵少的可以作为高档珍珠。虽然以上是最基本的概念，但是由于时代的发展和人们认知的变化，固有概念也慢慢改变。现在几乎没人像古代那样打捞几万个珍珠贝群，再从中获得一两颗天然珍珠。实际上，目前珠宝市场中99.9%以上的珍珠是养殖珍珠，“养殖珍珠就是天然养殖珍珠”这一概念也逐渐被绝大多数消费者认知。

随着珍珠知识的不断全面推广和普及，人们在选购珍珠的时候，大部分已经不去纠结是天然珍珠还是养殖珍珠这个问题，消费者更关注的是鉴别珍珠的真伪。

⊙ 天然珍珠首饰与淡水珍珠首饰

下图中的耳钉镶嵌四颗天然珍珠，直径在9毫米左右；右图中戒指镶嵌的养殖珍珠直径在16毫米左右。天然珍珠的直径一般较小，且珠体不是非常圆；养殖珍珠的直径较大，且珠体浑圆。

珍珠有哪些颜色？

常常看到各种色彩的珍珠，珍珠都有什么颜色呢，是天然的吗，怎么形成的？相信很多热爱珍珠的人都曾经思考过这些问题，本书为读者们简单介绍一下珍珠的颜色。

淡水珍珠产地一般在浙江、江苏一带，主要由三角帆蚌所产，能产出各种丰富色彩的珍珠。常见淡水珍珠的颜色有白色、粉橘色、紫色三种，在这些基本颜色的基础上，深浅浓度不一，让淡水珍珠的颜色看起来很丰富。淡水珍珠具有如此丰富多彩的颜色是基于三角帆蚌

⊙ 三层淡水多彩珍珠项链

⊙ 淡水粉珠项链

的基因、生长环境、吸收的微量元素的区别，导致分泌的珍珠颜色不同。通常采收珍珠时，每一颗的颜色不会完全一致。因此，如果您在珠宝店看到一条色调一致的白色、粉橘色或者紫色淡水珍珠项链，那是因为经过了人工的挑选匹配，挑出颜色一致的珍珠串制。如果您看过一串多彩的淡水珍珠，就会发现淡水珍珠的颜色是如此丰富，大小一般在5～10毫米之间。因此选择淡水珍珠首饰的选择性更多。

Akoya海水珍珠可以产出白色、金色、银蓝色调的天然珍珠，虽然颜色不及淡水珍珠丰富，但光泽通常看起来比淡水珍珠更水灵，品位更高。通常白色的Akoya海水珍珠最受欢迎，金色的Akoya海水珍珠更高贵，银蓝色调的更个性时尚，深得眼光独到的珍珠爱好者青睐。由于Akoya海水珍珠直径较小，但光泽强烈，灵润生动，是精致而极美的代表，深得年轻一族的追捧，是珍珠品类中最轻奢优雅的代表。

大溪地珍珠因产地而得名。虽然通常被人们称为大溪地黑珍珠，但其实际上它并不是纯黑色的，而是有着看似透绿、透蓝、透紫、透银灰等各种深浅不一的神秘色彩，大溪地珍珠的出现打破了以往人们对珍珠只有白色的概念。因为黑蝶贝能够分泌深色的珍珠质，所以大溪地黑珍珠的颜色也是天然形成的。

黑珍珠的颗粒较大，一般直径在9～15毫米，色泽深沉内敛、时尚干练，适合各种年龄层的女士，特别是上班一族的女性，佩戴一颗大溪地珍珠吊坠，可以增添自信魅力。

⊙ 大溪地黑珍珠吊坠

⊙ 大溪地黑珍珠戒指

珍珠为什么会变黄？

珍珠一直以来都是女性最爱的珠宝。佩戴珍珠不仅可以提亮肤色、凸显自身高贵优雅大方的气质，还能彰显自身品位。珍珠高雅大方，但珍珠非常娇贵，有一定的寿命，很多珍贵的珍珠在经过几十年或者上百年的时间之后，其颜色会变黄，失去原来的光泽，从而影响日常的佩戴。那么，珍珠为什么会变黄？珍珠变黄的原因是什么？下面就为大家解答这些问题。

⊙ 南洋白珠首饰套装

天然白色南洋珍珠项链及耳钉，珍珠光彩靓丽，散发淡粉色光晕，粒圆饱满硕大，高雅大气，柔美富贵。

⊙ 天然南洋黑珍珠项链

此项链精选83颗上等品质珍珠穿制而成，珍珠皮光紧实，品质上佳，珠圆玉润，光彩迫人，豪华高雅。

⊙ 天然珍珠配钻石项链

首先，我们要对珍珠的成分有所了解。珍珠是由珠贝孕育的，是一种有机宝石。珍珠的组成成分有文石（也叫霰石）、谷氨酸等17种氨基酸及39种微量元素的有机物和水。其中文石占到90%以上，而这种文石的主要成分是$CaCO_3$，还有少量的微量元素、蛋白质和氨基酸。由于组成文石的化学成分非常不稳定，因此，珍珠一旦长期暴露在空气中，珍珠层就很容易被氧化，文石结构中的Ca^{2+}的堆积方式就会发生改变，从而使得文石常转变为方解石。文石与方解石虽然都是碳酸钙多形体，但是文石的晶格与方解石的晶格不同，所以晶体的形状也不同，这就是珍珠变黄的主要原因之一。

同时，珍珠之所以珠光宝气、光彩夺目，它体内的水有着至关重要的作用。现代研究表明，珍珠的主要成分至少有2.23%是水。在日常生活中，如果长期将珍珠暴露在空气中，则珍珠中的水分会被蒸发，珍珠就会变得暗淡，失去原有的光泽，这也是珍珠看起来变化的原因之一。

珍珠项链非常漂亮、娇贵，要把它当成你的朋友、爱人一般，去爱护、珍惜、呵护，它才能时刻优雅和高贵。

珍珠在自然中会渐渐变化，如同人会慢慢老去一样，这是不可逆转的自然规律。但是一般情况下珍珠的颜色变黄需要六七十年到百年的时间。

有珍珠首饰的消费者其实不用太担心珍珠会变黄，因为只要我们在日常生活中懂得爱护珍珠，保养珍珠，它是不会轻易变黄的。同时并非所有颜色的珍珠都是容易变黄的。那么到底哪些颜色的珍珠容易变黄？

白色珍珠相对来说比较容易变黄，因为白色本身就是一种纯洁的颜色，容不下一点点杂质，稍微一点点的变色都能看得出来，而黑色珍珠、紫色珍珠、金色珍珠这些深颜色的珍珠，就没那么容易变黄。

如果珍珠真的变黄了，最好不要轻易尝试用稀盐酸浸泡的方法。因为我们不是专业人士，对酸碱度的把

⊙ 大溪地黑珍珠戒指（两枚）

⊙ 三色珍珠吊坠

控不准，最后有可能会得不偿失，所以建议消费者最好将珍珠寄回保修处，让专业人士帮我们处理。

对于珍珠还是要在日常生活中多加保养，如防酸碱油、避免用水的直接冲洗，不佩戴时最好用绒布将珍珠表面擦拭干净，保持水汽，尽量避免在阳光下直接照射，不要长期放在绒盒里，要偶尔拿出来佩戴等。

⊙南洋金珠吊坠

珍珠的等级评估表

等级	光泽	光洁度
一级品	极强 反射光特别亮、锐利、均匀，表面像镜子，映像很清晰	无瑕 肉眼观察表面光滑细腻，极难观察到表面有瑕疵
二级品	强 反射光明亮、锐利、均匀，映像清晰	微瑕 表面非常少瑕疵，似针点状，肉眼较难观察到
三级品	中 反射明亮，表面能见物体映像	小瑕 有较小的瑕疵，肉眼可以观察到
无极品	弱 反射光较弱，表面能见物体，但映像较模糊	瑕疵 瑕疵明显，占表面面积的四分之一以下
	不圆	重瑕 瑕疵很严重，严重的占到表面面积的四分之一以

注：此表适用于单颗珍珠的等级评估。

珠层厚度	圆度	参考图例
特厚 等于0.6毫米	正圆	
厚 等于0.5毫米	圆	
中 等于0.4毫米	近圆	
薄 等于0.3毫米	椭圆	
极薄 <0.3毫米	水滴、异形	

“从新手到行家”系列丛书 (修订版)

《翡翠鉴定与选购
从新手到行家》
定价：68.00元

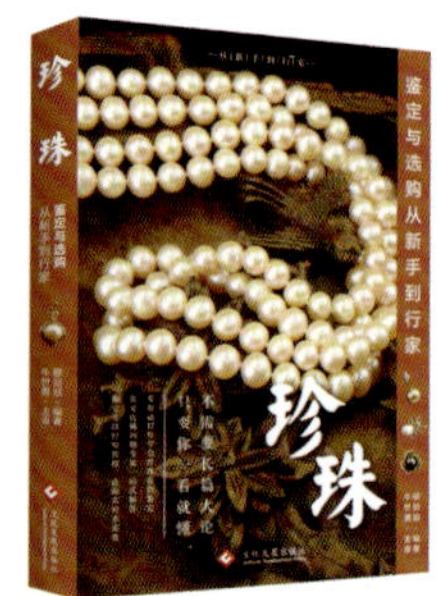

《珍珠鉴定与选购
从新手到行家》
定价：68.00元

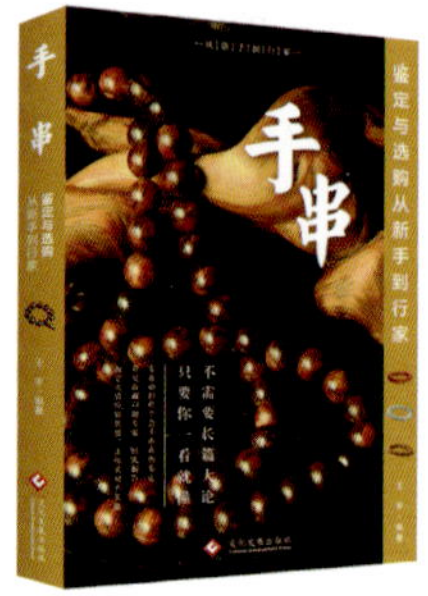

《手串鉴定与选购
从新手到行家》
定价：68.00元

《紫砂壶鉴定与选购
从新手到行家》
定价：68.00元

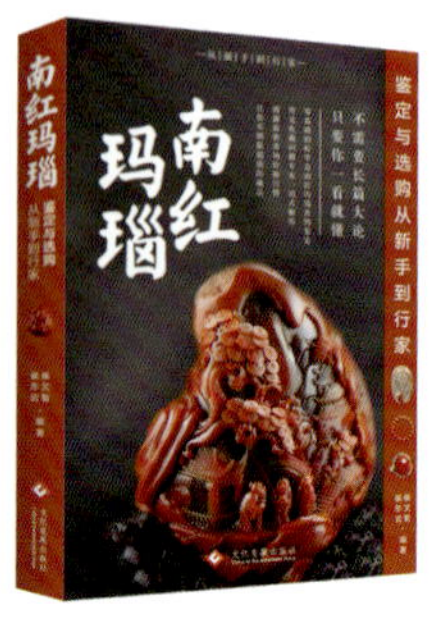

《南红玛瑙鉴定与选购
从新手到行家》
定价：68.00元

《文玩核桃鉴定与选购
从新手到行家》
定价：68.00元

《宝石鉴定与选购
从新手到行家》
定价：68.00元

《琥珀蜜蜡鉴定与选购
从新手到行家》
定价：68.00元

《和田玉鉴定与选购
从新手到行家》
定价：68.00元

内容简介

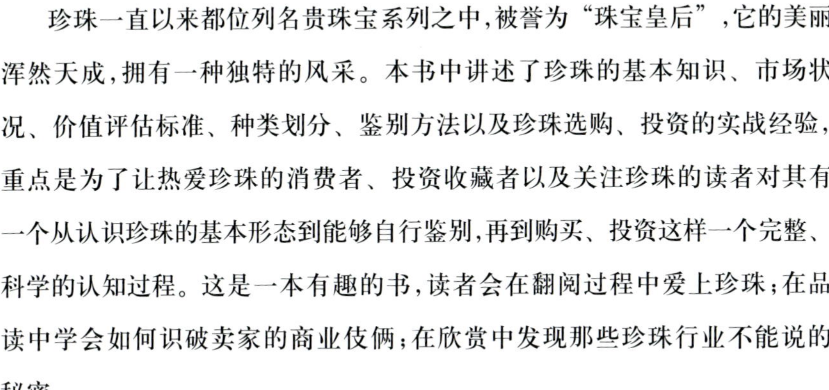

珍珠一直以来都位列名贵珠宝系列之中,被誉为“珠宝皇后”,它的美丽浑然天成,拥有一种独特的风采。本书中讲述了珍珠的基本知识、市场状况、价值评估标准、种类划分、鉴别方法以及珍珠选购、投资的实战经验,重点是为了让热爱珍珠的消费者、投资收藏者以及关注珍珠的读者对其有一个从认识珍珠的基本形态到能够自行鉴别,再到购买、投资这样一个完整、科学的认知过程。这是一本有趣的书,读者会在翻阅过程中爱上珍珠;在品读中学会如何识破卖家的商业伎俩;在欣赏中发现那些珍珠行业不能说的秘密。

作者简介 

穆朋朋

山东穆夫人珠宝有限公司董事长、珍珠穆夫人品牌创始人，珍珠鉴定师。十年如一日深入国内外珍珠养殖基地、珠宝交易场所等，积累了丰富的顶级珍珠收藏、投资经验和最前沿的鉴定功底。热爱珠宝与历史艺术，目前致力于传播珍珠知识、分享珠宝故事。

图书在版编目（CIP）数据

珍珠鉴定与选购从新手到行家 / 穆朋朋编著. — 北京 : 文化发展出版社有限公司，2016.1（2023.11重印）

ISBN 978-7-5142-1229-7

Ⅰ. ①珍… Ⅱ. ①穆… Ⅲ. ①珍珠—鉴定②珍珠—选购 Ⅳ. ①TS933.23

中国版本图书馆CIP数据核字（2015）第211558号

珍珠鉴定与选购从新手到行家

编　　著： 穆朋朋

责任编辑： 孙　烨

责任校对： 岳智勇

责任印制： 杨　骏

责任设计： 侯　铮

排版设计： 辰征·文化

出版发行：文化发展出版社（北京市翠微路2号　邮编：100036）

网　　址：www.wenhuafazhan.com

经　　销：各地新华书店

印　　刷：北京博海升彩色印刷有限公司

开　　本：889mm×1194mm　1/32

字　　数：150千字

印　　张：6

印　　次：2016年1月第1版　2023年11月第9次印刷

定　　价：68.00元

ISBN：978-7-5142-1229-7